菜根谭

上

陈泳岑◎编著

中国出版集团

现代出版社

图书在版编目（CIP）数据

解读《菜根谭》（上）／陈泳岑编著. —北京：现代

出版社，2014.1

ISBN 978-7-5143-2129-6

Ⅰ．①解…　Ⅱ．①陈…　Ⅲ．①个人－修养－中国－明代－青年读物

②个人－修养－中国－明代－少年读物　Ⅳ．①B825－49

中国版本图书馆 CIP 数据核字（2014）第 008512 号

作　　者　陈泳岑

责任编辑　王敬一

出版发行　现代出版社

通讯地址　北京市安定门外安华里 504 号

邮政编码　100011

电　　话　010－64267325 64245264（传真）

网　　址　www.1980xd.com

电子邮箱　xiandai@cnpitc.com.cn

印　　刷　唐山富达印务有限公司

开　　本　710mm×1000mm　1/16

印　　张　16

版　　次　2014 年 1 月第 1 版　2023 年 5 月第 3 次印刷

书　　号　ISBN 978-7-5143-2129-6

定　　价　76.00 元（上下册）

目　录

上　篇（上）

上　篇（上）

闲时吃紧，忙处悠闲

天地寂然不协，而气机无息稍停；日月尽夜奔驰，而贞明万古不易。故君子闲时要有吃紧的心思，忙处要有悠闲的趣味。

注释

吃紧：事情紧急时称吃紧，犹言感到急迫。

寂然：宁静的意思。白居易《偶作诗》有："寂然无他念，但对一炉香。"

气机：机，活动。气机指大自然的活动。具体说来，气是天地阴阳之气，而机泛指宇宙的运动，气机就是天地运转。

尽夜：尽，终。夜以继日的意思。

贞明：光明，光辉。

译文

天地看起来好像寂静不动，其实日月时时在运行，没有一刻会停止；太阳和月亮万古不变昼夜不停地运转，但它的光辉万古不变。所以君子在清闲时要有紧迫感，在忙碌时要有悠闲的情趣。

智慧解读

"闲时吃紧"，是居安思危、未雨绸缪的远虑；"忙里悠闲"，是临事不乱、心平气和的定力。人无远虑，必有近忧，如果没有长远之计，临事往往不知所措，甚至一败涂地。因此，平日心中不可过于松懈。而等到面对事情时，又不可有一副忙忙碌碌的样子，因为人一旦随着事物急促，思虑也就不对理路，内心必定浮躁不安。"闲时吃紧，忙里悠闲"，是每一位想有作为的人必须先具备的基本条件。

静坐观心，真妄毕现

夜深人静独坐观心，始觉妄穷而真独露，每于此中得大机趣；既觉真现妄难逃，又于此中得大惭忸。

注释

观心：佛家语，指观察自己内心所映现的一切。《辞海》注：

"观察心性如何谓之观心。"

妄：非分、越轨。

真：真境，脱离妄见所达到的涅槃境界。

机趣：机是极细致，趣可作境地解。即隐微的境地。

大：很。

惭忸：惭愧，不好意思。

译文

夜深人静之时，一个人坐下反省自己，开始觉得私心杂念都消失了，而只有本性。每当这个时候才从中领悟生命的真义，继而又发现真性只是暂时的流露，杂念仍然无法消除，于是在这个时候感到很惭愧。

智慧解读

日省三次的人不愧为贤哲。吾人虽不能如曾子之每日三省吾身，最起码也应在每天工作完毕，就寝之前，对一天来的行事作片刻的省察。因为这时一人独处，没有任何外物干扰，思虑澄明，只要稍作省察，立刻毫发毕见；而且由于没任何外物的干扰，也更易于作深入的自我检讨。

"身是菩提树，心如明镜台。朝朝勤拂拭，莫使惹尘埃。"人非圣贤，孰能无过？我们这些既不能忘怀世情，又希望问心无愧的人，每天临睡前片刻的省察，是很好的办法。

侠心交友，素心做人

交友带三分侠气，做人要存一点素心。

注释

侠：指拔刀相助的侠义精神。

素心：心地朴素之意。素本来是指未经染色的纯白细绢。引申为纯洁，也就是通常所说的赤子之心。据陶渊明《归园田居》诗："素心正如此，开径望三益。"

译文

交朋友要抱着患难与共、拔刀相助的侠义精神，为人处世要保留一颗朴素善良的赤子之心。

智慧解读

人类乃属于喜群居的动物，任何人都不能脱离人群而独立生存，否则，不独其个人不能生存，人类之绵延将因此而中断，更遑论人类今日文明之高度发展。人类在群居的社会生活中，接触最频繁的，除了父母兄弟亲人外，就是朋友。而社会生活中，家庭往往只是安栖之所，人类大部分的时间，都是在家庭之外度过的，这样朋友的重要，并不下于亲人。故朋友有急难，就应视为自己的急难去帮忙解决；和朋友往来，应保有一分本真。只要稍加注意，任何人都会发现成功立业，无不有朋友的帮助在内。所以，交友能不带三分侠气、做人能不存一点素心吗？

利毋居前，德毋落后

宠利毋居人前，德业毋落人后，受享毋逾分外，修为毋减分中。

注释

宠利：荣誉、金钱和财富。

德业：德行、事业。

分外：不在本分之内。

修为：修是涵养学习，修为即品德修养。

译文

个人的恩宠名利不要抢在别人前面，积德修身的事情要不落人后地积极去做。享受应得的利益不要超过自己的本分，修身养性时则不要放弃自己应该遵守的标准。

智慧解读

"利令智昏"，物欲会蒙蔽心智。人，心目中时时恋着外物，追求外物，从欲以获取外物，就会不知不觉地陷入外物的陷阱，或为物质世界所奴役，把自己原来自由自在之身失去了，于是智慧不再向最高度的形而上领域发展，人生的理想境界不再存在；于是精神生活从内部腐烂，人格随之而瓦解。造成人类幸福的物质文明，最后成了人类精神文明的克星，所以说利不妨在人后，德务必在人先，惟有这样，人性才能不断提升。

忍让为高，利人利己

处世让一步为高，退步即进步的张本；待人宽一分是福，利人实利己的根基。

注释

处世：度过世间，即一个人生活在茫茫人海中的基本态度。
张本：为事态的发展预先做的安排。

译文

为人处世懂得谦让容忍才是高明的做法，因为退让往往是更好的进步的基础；待人接物能够宽容大度就是有福之人，因为便利别人是为方便自己奠定了的根基。

智慧解读

"退即是进，与即是得"，即世俗所谓的"吃亏就是占便宜"，和"路要让一步，味须减三分"的道理相同。宋元学案上说："胜人，人必耻，下人，人必喜；耻，生竞，喜，生敬。"人情多喜谦恭礼让，不与人争的人，常得多利，能退一步的人，常进百步，处世若欲成事见功，实应三复斯言。

云止水中，动寂适宜

好动者，云电风灯；嗜寂者，死灰槁木。须定云止水中，有鸢飞鱼跃气象，才是有道的心体。

注释

云电风灯：形容短暂、不稳定。

嗜寂者：特别好静的人。

死灰槁木：死灰，熄灭后的灰烬；槁木，指枯树，比喻丧失生机的东西。

定云止水：定云，停在一处不动的云；止水，停在一处不流的水，都是比喻极为宁静的心境。

鸢飞鱼跃：《诗·大雅·旱麓》："鸢飞戾天，鱼跃于渊。"引申为君子修其乐易之德，上及飞鸟，下及渊鱼，无不欢欣愉悦。

心体：心就是本体。古人认为心为思想的主体。

译文

生性好动的人就像云中的闪电一样飘忽不定，又像风中的残灯孤独一样忽明忽暗；而一个嗜好安静的人就像火已经熄灭的灰烬，又像已毫无生机的枯木。以上这些人都不合乎中庸之道。应该像在静止的云中有飞翔的鸢鸟，在不动的水中有跳跃的鱼儿，用这种心态来观察万事万物，才算是达到了真正符合有道的理想境界。

智慧解读

做事不可过与不及，做人同样也不能有过与不及。"动"与"静"，是人生修养的两面，任何人都有"动"的时候，也都有"静"的时候，但动极、静极，都不合自然之道（中庸之道），而必须动中有静、静中有动，也就是动静合宜，才不失人的生趣，才能使自己适于任何环境，这是做人做事最重要的修养。

洁常自污出，明每从暗生

粪虫至秽，变为蝉而饮露于秋风；腐草无光，化为萤而耀彩于夏月。因知洁常自污出，明每从暗生也。

注释

粪虫：粪指粪土或尘土，粪虫是尘芥中所生的蛆虫。

秽：脏臭的东西。

蝉：又名知了，幼虫在土中吸树根汁，蜕变成蛹后而登树，再蜕皮成蝉。

饮露于秋风：蝉不吃普通的食物，只以喝露水为生，古代以此为高洁之象征。

化为萤：腐草能化为萤火虫是传统说法，据《礼记·月令》篇："季夏三月，腐草为萤。"

译文

生在粪便中的小虫是极其肮脏的，但变成蝉后在秋风中喝着纯净的露水；腐烂的草没有光泽，但变成萤火虫之后在夏季的月光中闪烁。所以说洁净常从污秽中产生，明亮常从晦暗中产生。

智慧解读

"将相本无种，男儿当自强"，出身的环境，未必能影响人一生的荣辱，不为出身的环境所限，才是最重要的关键。若稍加注意，不难发现有一种人，常以一个人的环境出身来决定待以青眼或白眼，这是失德之至的事。同时，也不难看到有一些出身较低的人，自卑、自弃，以为终是差人一等，经常表现得消极悲观，其实人生而平等，环境是考验将来是否能成功立业、为人表率的标准，出身愈低，愈应力争上游才对。

忧勤勿过，待人勿枯

忧勤是美德，太苦则无以适性怡情；澹泊是高风，太枯则无以济人利物。

注释

忧勤：绞尽脑汁用足体力去做事。

适性怡情：使心情愉快、精神爽朗。

高风：高尚的风骨或高风亮节。

枯：已经丧失生机的树木。此处有不近人情的含义。

译文

勤劳多思是一种美德，但如果过于认真把自己弄得太苦，就无助于调适自己的性情而使生活失去乐趣；淡泊寡欲本来是一种高尚的情操，但如果过分逃避社会，就无法对他人他事有所帮助了。

智慧解读

陈寿《三国志》卷三十五《诸葛亮传》里有一句话说诸葛亮"事无巨细，亮皆专之"。《三国演义》里也有这么一段，是司马懿问蜀将诸葛亮的起居，当听到说起诸葛亮事必躬亲时，懿叹曰："亮命必不久也。"不过这也是诸葛亮的无奈之举，蜀汉刘关张先后去世，余下老的老小的小，诸葛亮面对"蜀中无大将，廖化作先锋"的局面也只能如此。在六祖慧能的公案中，有一首非常有名的偈子："菩提本无树，明镜亦非台，本来无一物，何处惹尘埃。"人们对于分内之事，当然必须全力完成，就于天赋本真，当然必须加以保全，但"太苦""太枯"则或刻意，反无旨趣可言。因为宇宙万物都不离自性；自性本来是清净的，没有生灭的，一切具足的，没有动摇的，本来就能产生万法。何必太过自苦，太过自枯？

原其初心，观其末路

事穷势蹙之人，当原其初心；功成行满之士，要观其末路。

注释

势蹙：势态紧迫。意指穷途末路。

功成行满：事业有所成就，一切都如意圆满。

末路：本指路的终点。

译文

对于在事业上遭受失败、事事不顺心的人，应当体谅他当初的本意是为了奋发上进；对于事业成功感到万事圆满的人，要看他在以后的道路上能否保住晚节。

智慧解读

曾国藩有一个很有名的故事，说的是与太平天国作战总是吃败仗。在又一次被敌人打败之后，他急奏皇帝，一方面报告情况，一方面寻求对策，要求援兵。他在奏折上有一句话是"臣屡战屡败，……"，他的幕僚看了，觉得不妥，于是拿起笔来，将奏折上的这句话改为"臣屡败屡战……"原字未动，仅仅是顺序的改变，顿时将原本败军之将的狼狈变为英雄的百折不挠。这里我们不关心这个故事表达的权谋方面的含义，我们探究的是为什么"屡战屡败"会传达给人失败和痛苦的感觉，而"屡败屡战"则带给人希望。"声妓晚景从良，一世之烟花无碍；节妇白头失守，半生之清苦俱非。"这句话同样在告诉人，事情要到盖棺始能论定。任何一位声名狼藉、事业失败，已到山穷水尽地步的人，当初的本心没有是愿意如此的，将来也未尝不能东山再起，成功立业。

同时，一位成就事业、行事圆满的人，如果晚节不保，也未尝没有身败名裂的可能。古人另有一句话说："看人只看后半截。"这是极有道理的。立身处世，凡事确不宜言之过早，失于武断。

富宜宽厚，智宜敛藏

富贵家宜宽厚，而反忌刻，是富贵而贫贱其行矣，如何能享？聪明人宜敛藏，而反炫耀，是聪明而愚懵其病矣，如何不败？

注释

忌刻：忌，猜忌、嫉妒；刻，刻薄寡恩。

敛藏：敛，收、聚、敛束。敛藏就是深藏不露。

懵：心神恍惚，对事物缺乏正确的判断，不明事理。《说文》："懵，不明也。"

译文

富贵之家的人应该待人宽容仁厚，如果对别人挑剔苛刻，那么即使是处在富贵之中，其行为和贫贱无知的人是没有两样的，又怎么能够长久享受富贵的生活？聪明有才华的人应该掩藏自己的才智，如果到处炫耀张扬，那么他的言行就跟愚蠢无知的人没有什么区别，他的事业哪有不失败的道理？

智慧解读

富贵和聪明，均不足凭恃；居心仁厚，谦虚为怀，才是真正享有富贵，并且能用的聪明人。因为富贵而为人刻薄，不但终日处于猜忌不安之境，失去富贵之乐，更会失去周遭的朋友，到头来反而空虚寂寞；聪明而炫耀自己的才智，不但时时想借机表现，渐渐流于轻浮，更会失去周遭人士的支持，一旦被人识为无知，就马上使得自己的人生从此失败。人生所谓的"享"，在于精神能有寄托；所谓的"不败"，并不仅止于创业成功。

偏见害人，聪明障道

利欲未尽害心，意见乃害心之蟊贼；声色未必障道，聪明乃障道之藩屏。

注释

意见：本是意思和见解之意。此处为偏见、邪念。

蟊贼：蟊，害虫名，专吃禾苗。据《诗经·小雅·大田》："及其蟊贼。"传："食根曰蟊，食节曰贼。"这里比喻贪财的人。

声色：指沉湎于享乐的颓废生活。

藩屏：原指保卫国家的重臣，此处指屏障、藩篱。

译文

名利和欲望未必都会伤害自己的本性，而刚愎自用、自以为是的偏见才是残害心灵的毒虫；淫乐美色未必都会妨碍人对真理的探求，自作聪明、目中无人才是修悟道德的最大障碍。

智慧解读

"色不迷人人自迷，酒不醉人人自醉"，这句话可以拿来一起仔细思量。任何事物，对每个人来说，都是外物，照说都不能对本身起作用，只有意志薄弱的人，才把持不住自己，才会紧张风吹草动。立身行己，舍意志、节操，再无可谈；一位真正有入世之心的人，一定具有坚强的理念。我们在面对利欲关头时，不妨三思。

知退一步，加让三分

人情反复，世路崎岖。行不去处，须知退一步之法；行得去处，务加让三分之功。

注释

人情：指人的情绪、欲望。

译文

人间世情反复无常，人生之路崎岖不平。在人生之路走不通的地方，要知道退让一步的道理；在走得过去的地方，也一定要给予人家三分的便利，这样才能逢凶化吉，一帆风顺。

智慧解读

"退一步、让三分。"乐毅是很通此道的。乐毅是一个杰出的军事统帅，又是一位清醒的政治家。他出身于一个富有武学渊源的贵族家庭，其先祖是战国初期魏国的名将乐羊。赵武灵王二十七年（公元前 299 年），赵国发生了"沙丘之乱"，政局动荡，乐毅决定辞离赵国，前赴魏邦，并在那里担任大夫的官职。不久，乐毅的人生道路又遇上一次重大的转机，这就是他在出使燕国的过程中，知遇于一代明主燕昭王，于是乐毅放弃了魏国所给予的优厚待遇，毅然留在燕国，担任"亚卿"要职，主持军国大事，佐助燕昭王演出了一场"克齐兴燕"的历史活剧。春秋战国时代，乐毅的军事、政治才能与管仲相伯仲（素有管乐之称），绝不在伍子胥、范雎等人之下。然而乐毅的道德人品却远在伍子胥、范雎等人之上，不可同日而语。

乐毅待管仲，只讲一个让字。而商鞅则不知进退。商鞅，复姓公孙，名鞅，战国中期著名的政治家、军事家。商鞅出身于卫国贵族，早年做魏相公孙痤的家臣，公元前361年入秦，得秦孝公重用，"变法修刑，内务耕稼，外劝战死之赏罚。"商鞅在秦国执政近20年，使秦国一跃成为当时富强的国家，为秦尔后统一中国奠定了坚实的基础。因功被封于商邑。太史公曰："商君，其天资刻薄人也。迹其欲干孝公以帝王术，挟持浮说，非其质矣。且所因由嬖臣，及得用，刑公子虔，欺魏将昂，不师赵良之言，亦足发明商君之少恩矣。余尝读商君开塞耕战书，与其人行事相类。卒受恶名於秦，有以也夫！"（《史记·秦本纪》）秦孝公死，惠文王立，商鞅先是逃亡到关下欲住旅店被旅店拒绝，原因在于他没有可以证明自身身份的"身份证"。而据秦国商君（即商鞅）制定的秦法（即连坐之法），旅店不允许租住不明身份人士，否则一家藏"奸"，什伍同罪连坐。客舍收留无官府凭证的旅客住宿，主人与"奸人"同罪。旅店被拒之后，商鞅逃亡到魏国，魏国因为他曾经欺骗过魏国公子昂不允许他进入魏国，也不允许他逃往其他国家。商鞅于是回到秦国的自封地商邑，组织他的旧属和民众攻打郑国。秦国出兵讨之，在郑国的渑池将商鞅歼杀，并将其尸首带回秦国，五马分尸。遂灭商君之家。

"世路风霜，吾人炼心之境也。世情冷暖，吾人忍性之地也。"人心有如弯弯曲曲的流水，世事就像重重叠叠的高山。人生的道路，本来就不是容易走的。只有坚强面对现实，不畏缩，不退后，才能成功。而另外从"器满则倾"的道理来看，人在贵盛已极时，背后往往隐藏着危机，因此，得意莫忘随时助人，莫忘留一步后路，这样，已得的福泽才能久远。

正气清白，留于乾坤

宁守浑噩而黜聪明，留些正气还天地；宁谢纷华而甘澹泊，遗个清白在乾坤。

注释

浑噩：同浑浑噩噩，指人类天真朴实的本性。《法言·问神》："虞夏之书浑浑尔，商书灏灏尔，周书噩噩尔。"浑浑，深大的样子；噩噩，严肃的样子。

黜：摒除。

纷华：繁华富丽。

乾坤：象征天地、阴阳等。《易·说卦》："乾，天也，故称乎父；坤，地也，故称乎母。"

译文

做人宁可保持纯朴自然的本性，抛弃机心巧诈的聪明，留些浩然正气在大自然；宁可谢绝世俗富丽繁华的诱惑，甘心过着淡泊宁静的生活，也要在世间留个清白的名声。

智慧解读

汉明帝刘庄做太子时，博士桓荣是他的老师，后来他继位做了皇帝"犹尊桓荣以师礼"。他曾亲自到太常府去，让桓荣坐东面，设置几杖，像当年讲学一样，聆听老师的指教。他还将朝中百官和桓荣教过的学生数百人召到太常府，向桓荣行弟子礼。桓荣生病，明帝就派人专程慰问，甚至亲自登门看望。每次探望老师，明帝都是一进街口便下车步行前往，以表尊敬。进门后，往往拉着老师枯瘦的手，默默垂泪，良久乃去。当朝皇帝对桓荣如此，所以"诸侯、将军、大夫问疾者，不敢复乘车到门，皆拜床下"。桓荣去世时，明帝还换了衣服，亲自临丧送葬，并将其子女作了妥善安排。

天地万物，都有其构成与存在之理，所以《诗经》上说："天生臣民，有物有别。"人为万物之一，亦有其所以为人之理；人所以为人之理，称为人性。人有求生之欲，与一般生物相同，而人有能思之心，则为人性之特质。《书经》上说"人为万物之灵"，就是指能思之心，与由此心所发生的思虑并与理性作用而言。故必须理性胜过物欲并指导物欲，才能符合作为一个人的道理。否则，机巧必将促成物欲，纷华必将掩去理性，到头来就会使自己变成一个无所不为、无所不取的人。

不可浓艳，不可枯寂

念头浓者，自待厚，待人亦厚，处处皆浓；念头淡者，自待薄，待人亦薄，事事皆淡。故君子居常嗜好，不可太浓艳，亦不宜太枯寂。

注释

念头浓：念头，想法、动机。这里指热情。

淡：冷漠。

居常：日常生活。

浓艳：此处指奢侈讲究。

枯寂：寂寞到极点。此处指吝啬。

译文

一个热情的人，往往能够善待自己，同样对待别人也温馨仁厚，他要求处处都丰富、气派、讲究；而一个冷漠淡薄的人，不仅处处苛薄自己，同时也处处苛薄别人，于是事事显得枯燥无味而毫无生气。可见，作为一个真正有修养的人，在日常生活及待人接物方面，既不可过分热情奢侈，也不可过度冷漠吝啬。

智慧解读

北宋著名政治家、文学家范仲淹历来为人景仰的缘故自然是他的"乐以天下，忧以天下"。他的名文《岳阳楼记》更是千古传诵，备受赞美。文章充分表现了范仲淹忧国忧民、以天下为己任的政治抱负与虽处逆境仍不计个人得失、昂扬奋进的精神风貌。常自诵曰："士当先天下之忧而忧，后天下之乐而乐。"范仲淹不仅重自身品德修养，常自勉要忧国忧民，还以此教其子。《宋史·范纯仁（即范仲淹之子）传》云："疾革，口占遗表，其略云：盖尝先天下而忧，期不负圣人之学。此先臣所以教子，而微臣资以事君。"正由于范仲淹能够学习并效仿古人，他的人生主旋律是积极向上的，无论由朝官到地方官，抑或由地方官到朝官再到地方官，他都力图刷新政治，积极进取，在治军治民上均卓有建树。人贵知足，过与不及，都非立身之道。任何人呱呱落地之时，都是一无所有，都是自自在在。等到和周遭环境接触后，才有七情六欲。七情六欲当然不是坏的，事实上，任何人在和外物接触后，绝不可能一无反应。但迷于外物，宝爱不用，或任意求取，却不合情理。浪费无度足以败身，悭吝刻薄必将失人，失败的人生，往往不外这两种因素。

"加厚于根本，虽千金不为妄费；浪用于无益，即一金亦为奢侈。"这才是利用厚生的正确观念。

超越天地，不入名利

彼富我仁，彼爵我义，君子故不为君相所牢笼；人定胜天，志一动气，君子亦不受造物之陶铸。

注释

彼富我仁：出自《孟子》："晋、楚之富不可及也。彼以其富，我以吾仁；彼以其爵，我以吾义，吾何谦乎哉？"

我义：意指高尚情操和正义之感。

牢笼：此指限制、束缚。

人定胜天：人的力量一定能够战胜自然的力量。

志一动气：一，专一或集中；动，统御、控制、发动；气，情绪、气质。

陶铸：范土曰陶，镕金曰铸。变通造作之使成为一定形式之义。《隋书·高祖纪》："五气陶铸，万物流形。"

译文

别人拥有富贵钱财，我拥有仁义道德；别人拥有爵禄，我拥有正义。如果是一个有高尚心性的正人君子，就不会被统治者的高官厚禄所引诱和束缚；人的力量一定能够战胜自然的力量，意志坚定可以发挥出无坚不摧的精气。所以君子当然也不会被造物者所限制。

智慧解读

南宋郑思肖在《画菊》中写道："花开不并百花丛，独立疏篱趣无穷。宁可枝头抱香死，何曾吹落北风中？"郑思肖，南宋末为太学上舍，曾应试博学宏辞科。元兵南下时，郑思肖忧国忧民，上疏直谏，痛陈抗敌之策，被拒不纳。郑思肖痛心疾首，孤身隐居苏州，终身未娶。宋亡后，他改字忆翁，号所南，以示不忘故国。他还将自己的居室题为"本穴世界"，拆字组合，将"本"字之"十"置于"穴"中，隐寓"大宋"二字。他善画墨兰，宋亡后画兰都不画土，人问其故，答曰："地为人夺去，汝犹不知耶？"郑思肖自励节操，忧愤坚贞，令人泪下！他颂菊自喻，倾注了他的血泪和生命！

郑思肖的这首《画菊》诗写出了菊花宁愿枯死枝头，决不被北风吹落的傲骨，描绘了菊花斗雪凌霜、孤傲绝俗的高风亮节，同时也表达了自己坚守高尚节操，宁死也不肯向元朝投降的决心。这是郑思肖独特的人生感悟，是他不屈不移、忠于故国的豪壮誓言。

宋元学案上说："大丈夫行为，论是非，不论利害；论顺逆，不论成败；论万世，不论一生。"陈伯汝说："志之所趋，无远弗届，穷山距海，不能限也。志之所向，无坚不入，锐甲精兵，不能御也。"从上面所引的这两段话中，不难进一步了解君子何以不为富贵名利所动摇，君子何不被造化所主宰，因为人除了血肉之躯外，更有充沛宇宙的精神，这精神所表现出来的节操、志向，可以使人行事富贵不淫、贫贱不移、威武不屈。精神才是人类生命的价值所在，为人应养其精神。

君子无祸，勿罪冥冥

肝受病，则目不能视；肾受病，则耳不能听。病受于人所不见，必发于人所共见。故君子欲无得罪于昭昭，先无得罪于冥冥。

注释

昭昭：明亮、显著，明显可见。《楚辞·九歌·云中君》："灵连蜷兮既留，烂昭昭兮未央。"《庄子·达生》篇："昭昭乎若揭，日月而行也。"

冥冥：昏暗不明，隐蔽场所。《诗·小雅·无将大车》："无将大车，维尘冥冥。"

译文

肝脏如果得了病，就会表现出眼睛看不见东西的症状；肾脏如果发生毛病，就会表现出耳朵听不见声音的症状。病虽然生在人看不见的地方，可表现出来的症状人们都能看见。所以正人君子要想在明处不表现出过错，那么就要先在不易察觉的细微之处不犯过错。

智慧解读

不要以为自己可以远离别人的视线。这世上的一切都是有因果联系的，有开始就一定会有结果。人在私下偷偷做的事，总是会在不经意间流露出来。也许自己没有注意到，但这与外在形象不相符的举动很容易引起他人的注意。有句话叫做"若想人不知，除非己莫为"，放在这里再恰当不过。

多心为祸，少事为福

福莫福于少事，祸莫祸于多心。惟苦事者，方知少事之为福；惟平心者，始知多心之为祸。

注释

少事：指没有烦心的琐事。
多心：这里指猜忌，疑神疑鬼。

译文

人生最大的幸福莫过于没有无谓的牵挂，而最大的灾祸莫过于多疑猜忌。只有每天辛苦忙碌的人，才真正知道无事清闲的幸福；只有心宁气平的人，才真正理解疑神疑鬼的祸患。

智慧解读

一天，一位老师对两个学生谈论另一个学生近来举止有些令人失望，并说出自己心中所想的看法，哪知二人竟表示异议，说："事情都是想坏的。"这句话当时就使那位老师觉得惭愧，并佩服他们有这种修养。人与人面对面相处时，确实最怕之间有了猜疑：猜疑一起，小则产生误会，不欢而散；大则血溅五步，亲痛仇快。因此，一个人心胸坦荡荡，无所忧虑，不只可以远离祸害，且了无牵挂的自在之身，万金不易，即使世俗传说的神仙亦不过如此。

当方则方，当圆则圆

处治世宜方，处乱世当圆，处叔季之世当方圆并用；待善人宜宽，待恶人当严，待庸众之人当宽严互存。

注释

治世：太平盛世。

方：指品行端正。

乱世：动荡之世，与"治世"对称。

圆：圆滑，随机应变。

叔季：古时少长顺序按伯、仲、叔、季排列，叔季排行最后，指衰乱将亡的时代。《左传》云："政衰为叔世"，"将亡为季世。"

译文

生活在太平盛世，为人处世应当严正刚直，生活在动荡不安的时代，为人处世应当圆滑婉转，生活在衰乱将亡的末世，为人处世就要方圆并济交相使用；对待心地善良的人要宽厚，对待邪恶的人要严厉，对待那些庸碌平凡的人则应当根据具体情况，宽容和严厉互用，恩威并施。

智慧解读

做人不能一成不变。如果真理只有一个，但通往真理的道路并不是只有一条。自然界有四时的变化，人要随着四时的变化增减衣服，如果同样一件衣服穿在四季，不生出疾病才怪。同样的道理，人间有人事的变化，人要随着人事的变化决定如何进退应对，如果不该进而进，不该退而退，哪能不生出意外？

忘功念过，忘怨念恩

我有功于人不可念，而过则不可不念；人有恩于我不可忘，而怨则不可不忘。

注释

功：对他人有恩或有帮助。

过：对他人的歉疚或冒犯。

译文

我对别人有过帮助和功劳，不要常常挂在嘴上或记在心上，但是对别人有什么对不起的地方则应时时放在心上反思；别人曾对我有帮助和恩惠不能够不牢记在心中，而别人对我有过失则应当及时忘却。

智慧解读

鲁宣公二年（公元前 607 年），宣子在首阳山（今山西省永济县东南）打猎，住在翳桑。他看见一人非常饥饿，就去询问他的情况。那人说："我已经三天没吃东西了。"宣子就将食物送给他吃，可他却留下一半。宣子问他为什么，他说："我离家已三年了，不知道家中老母是否还活着。现在离家很近，请让我把留下的食物送给她。"宣子让他把食物吃完，另外又为他准备了一篮饭和肉。

后来，有一个叫灵辄的人做了晋灵公的武士。一次，灵公让他带人去杀宣子，而灵辄在搏杀中却反过来抵挡晋灵公的手下，使宣子得以脱险。宣子问他为何这样做，他回答说："我就是在翳桑的那个饿汉。"宣子再问他的真实姓名和家居时，他不告而退。

这道理在进化的社会里面，任何人都应该懂得。人类为合群动物，彼此息息相关，互相扶助是社会进步的基础，也是每个人对自己、对社会应尽的责任与义务；如果社会上苦难的人不得援手，以致铤而走险，那么这个社会将是怎样一个局面？所以帮助别人不能记在心上。至于受人帮助不可忘记，乃是一个人饮水思源应有的原则。其次，"过不可不念"，及"怨不可不忘"，一方面是负责不再重犯的表现；另一方面是避免与人冲突，不使社会变成野蛮世界应有的做法。

施之不求，求之无功

施恩者，内不见己，外不见人，则斗粟可当万钟之惠；利物者，计己之施，责人之报，虽百镒难成一文之功。

注释

斗粟：斗，量器名，十升。斗粟，一斗米。

万钟：钟，量器名。万钟形容多，指受禄之多。《孟子·告子》："万钟则不辨礼仪而受之。"

镒：古时重量名。《孟子·梁惠王》注："古者以一镒为一金，一镒是为二十四两也。"

译文

一个布施恩惠于人的人，不应总将此事记挂在心头，也不应该张扬出去让别人赞美，那么即使是一斗粟的付出也可以得到万斗的回报。一个以财物帮助别人的人，如果计较对他人的给予，而要求别人回报于他，那么即使是付出万两黄金，也难有一文钱的功德。

智慧解读

公输盘的故事大家都知道，他是天下有名的巧匠，为楚国制造了一种叫做云梯的攻城器械，楚王将要用这种器械攻打宋国。墨子当时正在鲁国，听到这个消息后，立即动身，走了 10 天 10 夜直奔楚国的都城郢，去见公输盘。

公输盘对墨子说："夫子到这里来有何见教呢？"墨子说："北方有人侮辱我，我想借你之力杀掉他。"公输盘很不高兴。墨子又说："请允许我送你 10 锭黄金作为报酬。"公输盘说："我义度行事，绝不去随意杀人。"墨子立即起身，向公输盘拜揖说："请听我说，我在北方听说你造了云梯，并将用云梯攻打宋国。宋国又有什么罪过呢？楚国的土地有余，不足的是人口。现在要为此牺牲掉本来就不足的人口，而去争夺自己已经有余的土地，这不能算是聪明。宋国没有罪过而去攻打它，不能说是仁。你明白这些道理却不去谏止，不能算作忠。如果你谏止楚王而楚王不从，就是你不强。你义不杀一人而准备杀宋国的众人，确实不是个明智的人。"公输盘听了墨子的一席话后，深为其折服。墨子接着问道："既然我说的是对的，你又为什么不停止攻打宋国呢？"公输盘回答说："不行啊，我已经答应过楚王了。"墨子说：

"何不把我引见给楚王。"公输盘答应了。

于是，公输盘引墨子见了楚王，墨子说道："假定现在有一个人在此，舍弃自己华丽贵重的彩车，却想去偷窃邻舍的那辆破车；舍弃自己锦绣华贵的衣服，却想去偷窃邻居的粗布短袄；舍弃自己的膏粱肉食，却想去偷窃邻居家里的糟糠之食。楚王你认为这是个什么样的人呢？"楚王说："一定是个有偷窃毛病的人。"墨子于是继续说道："楚国的国土，方圆五千里；宋国的国土，不过方圆五百里，两者相比较，就像彩车与破车相比一样。楚国有云梦之泽，犀牛麋鹿遍野都是，长江、汉水又盛产鱼鳖，是富甲天下的地方。宋国贫瘠，连所谓野鸡、野兔和小鱼都没有，这就好像粱肉与糟糠相比一样。楚国有高大的松树，纹理细密的梓树，还有梗楠、樟木等等，宋国却没有，这就好像锦绣衣裳与粗布短袄相比一样。由这三件事而言，大王攻打宋国，就与那个有偷窃之癖的人并无不同，我看大王攻宋不仅不能有所得，反而还要损伤大王的义。"楚王听后说："你说得太好了！尽管这样，公输盘为我制造了云梯，我一定要攻取宋国。"

鉴于楚王的固执，墨子转向公输盘。墨子解下腰带围作城墙，用小木块作为守城的器械，要与公输盘较试一番。公输盘多次设置了攻城的巧妙变化，墨子都全部成功地加以抵御。公输盘的攻城器械已用完而攻不下城，墨子守城的方法却还绰绰有余，公输盘只好认输，却说："我已经知道该用什么方法来对付你，不过我不想说出来。"墨子也说："我也知道你用来对付我的方法是什么，我也是不想说出来罢了。"楚王在一旁不知道他们两个人到底在说什么，忙问其故，墨子说："公输盘的意思不过是要杀死我，杀死了我，宋国就无人能守住城，楚国就可以放心地去攻打宋国了。可是，我已经安排我的学生禽滑厘等300人，带着我设计的守城器械，正在宋国的城墙上等着楚国的进攻呢！所以，即便是杀了我，也不能杀绝懂防守之道的人，楚国还是无法攻破宋国。"楚王听后大声说道："说得太好了！"他不再固执地坚持攻宋，而是对墨子表示："我不进攻宋国了。"墨子成功地劝阻楚王放弃了进攻宋国的计划，便起程回鲁国。途经宋国时，适逢天降大雨，于是想到一个闾门内避避，看守闾门的人，却不让他进去。殊不知，正是墨子刚刚挽救了宋国，是宋国的恩人。

卡耐基说过一句话："别指望别人感激你。"因为忘记感谢是人的天性。如果你一直期望别人感恩，多半是自寻烦恼，如果想通过自己的恩施而追求别人的报恩，那就失去报恩的意义了。同时，从施恩之日，就为自己套上一副精神枷锁。

姑且不谈果报、功德，做人值不值得就是以此分野。只要出于至诚，虽微薄之数，已足够温暖人心；如果为了收回代价，即使付出连城财宝，也毫无意义可言。我们认清了这点，自然了解这里面所讲的道理。

相观对治，方便法门

人之际遇，有齐有不齐，而能使己独齐乎？己之情理，有顺有不顺，而能使人皆顺乎？以此相观对治，亦是一方便法门。

注释

际遇：机会、境遇。

齐：相等、相平。

情理：这里指情绪，精神状态。

相观对治：治，修正。相互对照修正。

法门：佛家用语，指领悟佛法的通路。《增一阿含经》："如来开法门，闻者得笃信。"

译文

人生的命运有幸运也有不幸，所处的境况各有不同，在这种情况下，自己又如何要求特别的幸运呢？自己的情绪有平静的时候也有烦躁的时候，每个人的情绪也各有不同，在这种情况下又如何能要求别人时刻都心平气和呢？用这个道理来反躬自问，将心比心，也不失为人生的一种为人处世的好方法。

智慧解读

著名表演艺术家英若诚讲过一个故事。他出生成长在一个大家庭中，每次吃饭都是十几个人坐在大餐厅中。有一次他突发奇想，决定跟大家开个玩笑。吃饭前，他把自己藏在饭厅的一个不被人注意的柜子里，想等到大家遍寻不着时再跳出来。让英若诚大为尴尬的是，大家丝毫没有注意到他的缺席。酒足饭饱，大家离去后他才蔫蔫地走出来吃了些残汤剩饭。自那以后，他就告诉自己："永远不要把自己看得太重要，否则就会大失所望。"

推己及人，换位思考。在人与人之间产生矛盾时，应懂得站在他人的角度，设身处地地为他人着想。首先，要有一个宽广的胸怀。在被他人误解时，不要为自己做更多争辩，更不要耍性子闹情绪，而是要用实际行动证明自己，消除他人对自己的误解。其次，要有大局意识。在自己认为领导批评有错的时候，或许领导有他自己的考虑，要牢固树立大局意识，多从对方角度想问题，主动诚恳地接受批评。最后，要有自我批评的勇气。与人发生矛盾时，不要把目光总盯在他人身上找原因，也要从自己身上查找问题。同时，自己还要善于同他人坦诚布公地进行思想交流，增进彼此之间的相互了解，这样才能及时消除工作中的误解。

人和人相处要能"平心处世"。人各有其际遇与心态，不能强同，这可以从生长的环境看得出来；从小生长的环境不同，耳濡目染各异，言行、思想自然有别。只要自己能平下心来想想，相互考量一番，那么，最少也会减去一半怨尤的心理。

心地干净，方可学古

心地干净，方可读书学古。不然，见一善行，窃以济私，闻一善言，假以覆短，是又藉寇兵而济盗粮矣。

注释

心地干净：心性洁白无瑕。

窃以济私：偷偷用来满足自己的私欲。

假以覆短：借名言佳句掩饰自己的过失。

济盗粮：《史记·范雎传》："齐所以大破者，以其所以伐楚而肥韩魏也，此所谓借贼兵、济盗粮者也。"比喻被敌人所利用。

译文

心地干净有一方净土，才能做纯洁无瑕的人，才能够研法诗书学习圣贤的美德。如果不是这样的话，看见善行好事就偷偷地用来满足自己的私欲，听到名言佳句就利用它来掩饰自己的短处，这种行为不但成了向强盗资助武器，而且还成了向盗贼赠送粮食。

智慧解读

学问用于正途，则个人及社会都受益；不用于正途，则刚好以学问损人利己，为害社会，最后自己也将身败名裂。因此，人在启蒙受教的时候，一定先要有纯正的观念。一开始就没有纯正的观念，经过日积月累，就学成一位奸恶的人物。这乃是为人父母师长教导子弟时所应注意的，而在一般青年学生来说，必须以此要求自己心性，务要保持纯正。

崇俭养廉，守拙全真

奢者富而不足，何如俭者贫而有余？能者劳而府怨，何如拙者逸而全真？

注释

劳：劳苦。

府怨：府，聚集之处。府怨指大众的怨恨。

逸而全真：安闲而能保全本性，道家语。

译文

生活奢侈的人即使拥有再多的财富也不会感到满足，哪里比得上那些虽然贫穷却因为节俭而有富余的人呢？有才干的人操劳忙碌却招致众人的怨恨，还不如那些生性笨拙的人安逸，而且能保持自己的纯真本性。

智慧解读

乾隆下江南的时候，看见江上熙来攘往的船只，问禅师："长江一日有多少船往来？"

禅师说："只有两条船往来！"乾隆不解地问："你怎么知道只有两条船呢？"禅师说："一条船为名，一条船为利！"

当今的人们是"忙"了，人们没有逃脱"名、利"的羁绊，面对名山名水名镇名碑名林，虽然山峦起伏、泉水潺潺，海天一色，景色壮美，却不晓得己身仍然深锁"名、利"之中。这"浮生半日闲"又从何而来呢？"奢者心常贫，俭者心常富。"这十个字可用来说明奢、俭者的心境。浪费无度的人，在无止境的挥霍行为下，每天只想应该如何享受，没有实在的念头，再多的财富也不能得到满足，不是贫又是什么？节省度用的人，身边随时有余裕，不是富又是什么？其次，自恃才能而处处求表现，不要说别人妒忌，难道能保证没有差错？一旦发生差错，自然不能免于众矢之的。而平凡的人，凡事稳扎稳打，不慌不忙，当然悠闲而不迷于表面上的声名。

学以致用，立业种德

读书不见圣贤，如铅椠庸；居官不爱子民，如衣冠盗；讲学不尚躬行，如口头禅；立业不思种德，如眼前花。

注释

铅椠：铅，铅粉笔；椠，削木为牍。铅椠就代表纸笔。

衣冠盗：偷窃俸禄的官吏。

口头禅：不明禅理，袭取禅家套语以资谈助者，谓之口头禅。

译文

研读诗书却不洞察古代圣贤的思想精髓，就是一个写字匠；当官却不爱护黎民百姓，就是穿着官服戴着官帽的强盗；只讲习学问却不身体力行，就像一个只会口头念经却不通佛理的和尚；追求成功立业却不考虑积累功德，就像眼前昙花转眼凋谢。

智慧解读

我们应当怎样做学问呢？王国维曾用三句诗词来加以形容："昨夜西风凋碧树，独上高楼，望尽天涯路"；"衣带渐宽终不悔，为伊消得人憔悴"；"众里寻他千百度，蓦然回首，那人却在灯火阑珊处"。第一种境界是宋朝晏殊的《鹊踏枝》，"昨夜西风凋碧树，独上西楼，望尽天涯路"；第二种境界是宋朝柳永的《蝶恋花》，"衣带渐宽终不悔，为伊消得人憔悴"；第三种境界是南宋辛弃疾的《青玉案》，"众里寻他千百度，蓦然回首，那人却在灯火阑珊处"。

读书当见古圣贤，我们来细看，"昨夜西风凋碧树，独上高楼，望尽天涯路。"你看！秋风萧瑟，游子登高，既见不到亲人又音信难通，这恰如学者刚开始在做学问时那种对知识的惆怅迷惘。是啊！做学问的人，首先要高瞻远瞩，认清前人所走的路。也就是说，总结和学习前人的经验是做学问的起点。"衣带渐宽终不悔，为伊消得人憔悴。"我们知道，沉溺于热恋中的情人对爱情是何等的执着：衣带渐宽，决不后悔！这就如学者在追求知识的过程中所表现出来的那种执着：认定目标就呕心沥血、孜孜以求。是啊！做学问，就应该深思熟虑，像热恋中的情人那样热切，不惜一切追求自己的梦中情人。"众里寻他千百度，蓦然回首，那人却在灯火阑珊处。"你看！上下求索，瞬间顿悟，功到自然成，载得美人归呀。

　　这里讲的虽是四件不同的事，但任何人至少可能和其中三件事发生关系，即：读书、谈学问、创立事业。因此，这里面的道理，和人们乃是息息相关的。读书不探求圣贤哲理，谈不上学以致用；做官不爱民，谈不上是做官的人；谈论学问而不践行，谈不上身心受益；成就了事业而不能积德，谈不上实至名归。这些都是根本上的问题，不能做到，就谈不上人生。

扫除外物，直觅本来

　　人心有一部真文章，都被残篇断简封锢了；有一部真鼓吹，都被妖歌艳舞淹没了。学者须扫除外物，直觅本来，才有个真受用。

注释

残篇断简：指残缺不全的书籍。此处有物欲杂念之意。

鼓吹：乐名。

真受用：真正的好处。

译文

每个人心里都有一篇真正的好文章，可惜都被残缺不全的杂乱文章所遮盖；每个人的心中都有一首真正的好乐曲，可惜都被那些妖艳的歌声和淫靡的舞蹈所淹没了。所以，做学问的人一定要排除外界的干扰和诱惑，直接去寻求人心中最自然的本性，这样才能求得真正享用不尽的真学问。

智慧解读

人都有灵明的智慧，原都能分别是非善恶，但当面对外物以后，却身不由己地随波逐流。这一来，一方面蒙蔽了灵明的智慧，一方面陷入人生的苦海，于是又回头想在书本上找回自己。人有时竟是这么矛盾，竟是这么令人费解。

苦中有乐，得意生悲

苦心中，常得悦心之趣；得意时，便生失意之悲。

注释

苦心：困苦的感受。

悦心：喜悦的感受。

趣：此指乐趣。

失意之悲：由于失望而感到悲哀。

译文

心存俭苦，常能感受到追求成功的喜悦而觉得乐趣无穷；顺心得意时，因为面临着顶峰过后的低谷，往往潜藏着失意的悲伤。

智慧解读

"仰天大笑出门去，吾辈岂是蓬蒿人"，这是何等的恣意自信，这就是李白留给大多数人的印象。但是，李白真的得意吗？我们还是看看他的人生经历吧。少年即显露才华，吟诗作赋，博学广览，并好行侠。从二十五岁起离川，长期在各地漫游，对社会生活多所体验。其间曾因吴钧等推荐，于天宝初年供奉翰林。政治上不受重视，又受权贵谗毁，仅一年余即离开长安，政治抱负未能实现。"安史之乱"中，怀着平乱的志愿，曾为永王幕僚，因兵败牵累，流放夜郎。中途遇赦东还，晚年飘泊困苦，卒于当途，无人过问，甚是凄惨。

李白的一生，其实是怀才不遇的一生，他何乐之有？"五花马，千金裘，呼儿将出换美酒，""斗酒十千"非为"人生得意"，而是"与尔同销万古愁"。

所以，我们"苦心中当常有悦心之趣，失意时切莫放狂歌之悲"。面对一时之乐，当想到终身之苦；面对一时之苦，当想到终身之乐。现在苦是为了将来乐，自己苦是为了后人乐。这就是精神财富。精神财富比物质财富更重要，精神财富的获得，人生是否美丽，首先得看你的精神财富多寡，而不是依据你的物质财富。生命因磨炼而美丽。

人只有在困境中奋斗得来的成果，才会持久，而内心感受的快慰也才真实。不过也要注意，等到了得志的时候，还必须保以一颗冷静的心，才真正能够持久。因为一旦在得志的时候过度兴奋，就会使得头脑不能清醒，意外就会因而造成。

富贵名誉，来自道德

富贵名誉，自道德来者，如山林中花，自是舒徐繁衍；自功业来者，如盆槛中花，便有迁徙兴废；若以权力得者，如瓶钵中花，其根不植，其萎可立而待矣。

注释

舒徐：舒，展开；徐，缓慢。舒徐指从容自然。
瓶钵中花：插在花瓶里的花。

译文

世间的财富地位和道德名声，如果是通过提高品行和修养所得来的，那么就像生长着的漫山遍野的花草，自然会繁荣昌盛绵延不断；如果是通过建立功业所换来的，那么就像生长在花盆中的花草，便会因为生长环境的变迁或者繁茂或者枯萎；如果是通过玩弄权术或依靠暴力得来的，那么就像插在花瓶中的花草，因为没有根基，花草会很快地凋谢枯萎。

智慧解读

人生的不朽，虽有立德、立功、立言之分，但立功、立言，都必须先其人有德，才能成其为功，成其为言。那么，什么叫"德"呢？它不是一个抽象名词，合于理法谓之道德，略称德，一个人念头、行事合于理法就是有德。

"富以能施为德，贫以无求为德，贵以下人为德，贱以忘势为德。"这段话，就在告诉人，人生之德以何者为贵。其实富与贵，并不是指有钱有势，有德的人才是富贵。认清了这一点，我们对人生价值的标准，也就提高了一层。

花铺好色，人行好事

春至时和，花尚铺一段好色，鸟且啭几句好音。士君子幸列头角，复遇温饱，不思立好言，行好事，虽是在世百年，恰似未生一日。

注释

好色：美景。

时和：气候暖和。

啭：鸟的叫声。

头角：比喻才华出众，一般说成"崭露头角"。

译文

春天来临时，风和日丽，花草树木争奇斗艳，为大地铺上一层美丽的景色，连鸟儿也发出婉转动听的鸣叫。一个读书人如果能通过努力侥幸出人头地，又能够过上丰衣足食的生活，但却不思考为后世写下不朽的篇章，为世间多做几件善事，那么他即使能活到百岁，也宛如没有在世上活过一天一样。

智慧解读

这里借花鸟尚且不辜负春光，来告诉人不要浪费大好人生。目前社会安定，物质充裕，人们不断享受文明的结晶，但能否认识到这是上苍厚遇，不可负了上苍？认识到这是人类代代积累的结果，必须有更大的成就承先启后、膏泽子孙？如果能够这样想，则不只自己过了实实在在的一生，也将被后世子孙永远怀念、感激。一位英国记者问作者为什么以《钢铁是怎样炼成的》为书名时，奥斯特洛夫斯基回答说："钢是在烈火与骤冷中铸造而成的。只有这样它才能成为坚硬的，什么都不惧怕，我们这一代人也是在这样的斗争中、在艰苦的考验中锻炼出来的，并且学会了在生活面前不颓废。"奥斯特洛夫斯基全称尼古拉·阿耶克塞耶维奇·奥斯特洛夫斯基，由于他长期参加艰苦斗争，健康受到严重损害，到 1927 年，健康情况急剧恶化，但他毫不屈服，以惊人的毅力同病魔作斗争。1934 年底，他着手创作一篇关于科托夫斯基师团的"历史抒情英雄故事"即《暴风雨所诞生的》。不幸的是，唯一的手稿在寄给朋友们审读时被邮局弄丢了。这一残酷的打击并没有挫败他的坚强意志，反而使他更加顽强地同疾病作斗争。

1929 年，他全身瘫痪，双目失明。1930 年，他用自己的战斗经历作素材，以顽强的意志开始创作长篇小说《钢铁是怎样炼成的》。小说获得了巨大成功，受到同时代人的真诚而热烈的称赞。1935 年底，苏联政府授予他列宁勋章，以表彰他在文学方面的创造性劳动。这种在困境中顽强不屈的精神，正是我们所需要的，所要学习的精神。

兢业的心思，潇洒的趣味

学者有段兢业的心思，又要有段潇洒的趣味。若一味敛束清苦，是有秋杀无春生，何以发育万物？

注释

兢业：也可作兢兢业业，小心谨慎、尽心尽力的意思。

潇洒：形容行动举止自然大方，不呆板，不拘束。杜甫《饮中八仙歌》："宗之潇洒美少年。"

敛束：收敛约束。

秋杀：与春生相对，气象凛冽、毫无生机。

译文

做学问的人要抱有专心治学的心思，行为谨慎勤于事业，还要有大度洒脱不受拘束的情怀，这样才能体会到人生的真趣味。如果一味地约束自己的言行，过着极端清苦拘束的生活，那么这样的人生就只像秋天一样充满肃杀凄凉之感。而缺乏春天般万木争发的勃勃生机，如何去滋育万物成长呢？

智慧解读

中国人一向有"重大轻小"的传统文化心理。凡与"小"沾边的事物均受到轻视。实践证明，能否做好工作，关键在于是否抓住一个"小"字。而细节往往因其"小"而被人们忽视，掉以轻心；因其"细"而不屑一顾。现代社会随着分工越来越细，专业化程度越来越高，细节成为成功的关键。只有目标细化，责任细化，措施细化，要求细化，计划才能实施并落到实处。没有细，体现不出规范；没有细，深入不到实际；没有细，工作就不完美；"一屋不扫何以扫天下"（东汉薛勤）。一个读书人，对于学习要能就业，这是努力尽本分的表现；言行不受世俗拘束，则是保有本真的结果。这两者是跻身社会应先具有的条件。不就业则学问不真实，没有脱俗的修养，则一踏入五光十色的社会，就很容易迷失自己，受到社会不良习性的感染。其实，引此为鉴的并不限于学校里的学生，所谓"学无止境""活到老，学到老"，任何一位置身社会的人，都必须做到这两点。

立名者贪，用术者拙

真廉无廉名，立名者正所以为贪；大巧无巧术，用术者乃所以为拙。

注释

廉：不贪、廉洁。《荀子·修身》："无廉耻而嗜乎饮食，则可谓恶少者矣。"（嗜：喜好、爱好。恶少：恶少年。）

大巧：聪明绝顶。

术：方法、手段。贾思勰《齐民要术序》："桑弘羊之均输法，益国利民之术也。"

拙：笨。《庄子·胠箧》："大巧若拙。"

译文

真正廉洁的人并不一定树立廉洁的美名，那些为自己树立名声的人正是因为贪图虚名；一个真正有大智慧的人不会去玩弄那些技巧，玩弄技巧的人正是为了掩饰自己的拙劣和愚蠢。

智慧解读

其实好名并非坏事，人都有荣誉之心，荣誉就是"名"；问题是在有人为了树名，不顾廉耻，不择手段。所以真正廉洁的人，不与人争，当然不能成名。其次，技能乃是人所赖以求生者，更非坏事，问题在于自以为聪明的人到处拿来炫夸卖弄，如此技能就不能用于正途。

宁虚勿溢，宁缺勿全

敧器以满覆，扑满以空全。故君子宁居无不居有，宁居缺不处完。

注释

敧器：倾斜易覆之器。《荀子·宥坐》："孔子观于鲁桓公之庙，有敧器焉。孔子问于守庙者曰：'此为何器？'守庙者曰：'此盖为宥坐之器。'孔子曰：'吾闻宥坐之器者，虚则敧，中则正，满则覆。'孔子顾为弟子曰：'注水焉！'弟子挹水而注之，中而正，满而覆，虚而敧。孔子喟然而叹曰：'吁！恶有满而不覆者哉！'"《注》："宥与右同。言人君可置于坐右以为戒也。"

扑满：用来存钱用的陶罐，有入口无出口，满则需打破取出。

译文

倾斜的容器因为装满了水才会倾覆，储蓄陶罐因为空无一钱才得以保全。所以正人君子宁可无所作为而不愿有所争夺，宁可有些欠缺而不会十全十美。

智慧解读

一次，孔子在庙里见到敧器时感叹道：你不注水时是斜的，注一半水时则变正，注满了水就要翻倒。这种样子哪有满而不翻的呢？

敧器到底是个什么样的东西呢？敧器外形呈葫芦状、橄榄状，底部在直立时的承受面小，重心调节物在内置空腔上半部分的一侧，内置空腔由外口、盛液空腔等组成。敧器在未盛液体之前，只能侧躺；注入液体至空腔容积的一半时，能直立；注入液体至满时则自然侧翻，然后又恢复至未盛液体之前的样子。

孔子有很好的音乐素养，"三百五篇孔子皆弦歌之"，他仍跟大家师襄子学琴。师襄子教了他一首曲子后，他每日弹奏，毫不厌倦，过了 10 天，师襄子对他说："这首曲子你已经弹得很不错了，可以学新曲子了！"孔子站起身来，恭恭敬敬地说："可我还没有学会弹奏的技巧啊！"又过了许多天，师襄子对孔子说："你已经掌握了弹奏技巧，可以学新曲子了！"孔子说："可我还没有领会这首曲子的思想情感！"又过了许多天，师襄子来到孔子家里，听他弹琴，一曲终了，师襄子长长吁了一口气说："你已经领会了这首曲子的思想情感，可以学新曲子了！"孔子还是说："可我还没有体会出作曲者是一位怎样的人啊！"又过了很多天，孔子请师襄子来听琴。一曲既罢，师襄子感慨地问："你已经知道作曲者是谁了吧？"孔子兴奋地说："是的！此人魁梧的身躯，黝黑的脸庞，两眼仰望天空，一心要感化四方。他莫非是周文王吗？""你说得很对！你百学不厌，才能达到如此高的境界啊！"

世间事物原是一正一反相对立，做人能够谦虚处于让的地位，则他人也同样谦让相待，并更加尊敬，如此一来是欲谦让而反得"敬"。反之，如果凡事务求极限，处于争的地位，则他人未必能服，未必能服必争；一场相争之后，本身就是占优势，也多少必有损害。如此一来，就是欲求满而反招损。

拔去名根，融化客气

名根未拔者，纵轻千乘甘一瓢，总堕尘情；客气未融者，虽泽四海利万世，终为剩技。

注释

名根：功利的思想。

千乘：乘，车，谓一车四马。《史记·陈涉世家》："国六攻百乘，骑千余，卒数万人。"

一瓢：瓢，用葫芦做的盛水器。一瓢是说用瓢来饮水吃饭的清苦生活。《论语·雍也》篇："贤哉回也，一箪食，一瓢饮，居陋巷，人不堪其忧，回也不改其乐。"

尘情：人世之情。

剩：多余。

技：伎俩之意。

译文

一个人追逐名利的思想若不从内心彻底拔除，即使他表面上轻视世间的高官厚禄荣华富贵，甘愿过着一瓢饮的清贫生活，到头来仍然摆脱不了世俗名利的诱惑；一个人受外力的影响若不能被自身的正气所化解，虽然他恩泽世上所有的人，并为后世开创利益，终究也只是多余的伎俩。

智慧解读

名利之念没有去除，自然随时都会去追求名利，纵然再怎么标榜清高，退隐山林，也不过是一种"以退为进"的手段。唐代房藏用有心功名，却隐于京师附近的终南山，在很快获得召用入仕时，竟毫不隐讳地指着终南山说："此中大有佳趣。"使得后人有"终南捷径"之说。至于客气未融，摆脱不了世俗的功利观念，虽仍"泽四海利万世"，也不是出于真心，这种作为，又能有多大意义？

心体光明，暗室青天

心体光明，暗室中有青天；念头暗昧，白日下有厉鬼。

注释

心体：智慧和良心。

暗室：隐密的地方。

暗昧：昧，暗。暗昧指阴险见不得人。

译文

心地光明磊落，即使是在黑暗的屋子里，也如头顶明亮的天空；心地邪恶不正，即使在青天白日下，也会遇见阴森的厉鬼。

智慧解读

发于内者一定形于外。一个人念头光明正大，表现在言行举止上的，不只自在不伪，更有容光焕发的感觉。而一个人念头醒龊邪恶，其人不只言行举止鬼鬼祟祟，就是神态方面也显得相当不安。

攻勿太严，教勿太高

攻人之恶毋太严，要思其堪受；教人以善毋过高，当使其可从。

注释

攻：攻击、指责。

恶：指缺点、过错、隐私。

毋：不、无。

堪受：能否接受。

译文

责备别人的缺点时不可太严厉，要考虑到他人是否能承受；教诲别人行善时，不可以要求太高，要考虑到对方是否能做到。

智慧解读

生活中每个人不可能没有缺点和过失。与朋友、同事相交时，不仅要在他们有了过失时批评并帮助他们，更重要的是帮助他们防患于未然。首先要经常开导对方辨明是非，不做违法乱纪的事，劝导对方不要做伤天害理的事，不要欺骗他人，不要欺负弱者。还要清楚自己开导对方是为了帮助对方明白事理，要以公正平等的态度去看待和分析有关这些事的害处和后果，让对方能接受。另外，如果发现对方有可能误入歧途，走上邪道，要及时提醒教育他，给对方举例说出误入歧途和走上邪道的严重后果，让对方迷途知返，当然，语气心地要诚恳，能让对方更易接受。相信只要你态度真诚，心怀诚恳，每个人都会接受你的劝告和开导。

阴恶恶大，显善善小

为恶而畏人知，恶中犹有善路；为善而急人知，善处即是恶根。

注释

阴：暗中、暗地里。《史记·孙子吴起列传》："孙膑以刑徒阴见，说齐使。"

善路：向善的道路。

恶根：恶，罪恶、不良行为，与"善"相对。恶根指过失的根源。

译文

做了坏事怕别人知道的人，虽然是作恶，但还留有通往善良的路径；做了好事却急于想宣扬的人，他做善事的同时就已种下了恶根。

智慧解读

除了十恶不赦、足以遗臭万年的人，任何人都有羞耻之心，也就是都有良心；这颗羞耻之心，是维持人性不堕的基石。它在一般人身上，可以使人不会堕入罪恶之渊；它在做了坏事的人身上，可以使人从罪恶之渊脱出。因此，走入歧途的人未必可恨，可恨的是那些诈善欺骗良心的人。

居安思危，天亦无用

天之机缄不测，抑而伸，伸而抑，皆是播弄英雄，颠倒豪杰处。君子只是逆来顺受，居安思危，天亦无所用其伎俩矣。

注释

机缄：《庄子·天运》："天其运乎，地其处乎，日月其争于所乎。孰主张是，孰维纲是，孰居无事，推而行是。意者其有机缄而不得已邪？"唐成玄英《疏》："机，关也；缄，闭也。"指推动事物运动的造化力量。

抑：压抑。

伸：指舒展。

播弄：玩弄、摆布，含有颠倒是非、胡作非为的意思。

译文

上天的奥秘变幻莫测，有时让人先陷入困境然后再进入顺境，有时又让人先得意而后失意，不论是处于何种境地，都是上天有意在捉弄那些自命不凡的所谓英雄豪杰。因此，一个真正的君子，如果能够坚忍地度过外来的困厄和挫折，平安之时不忘危难，那么就连上天也没有办法对他施加任何的伎俩了。

智慧解读

"时势造英雄、英雄造时势"，苍松翠柏所以坚贞，在于经过寒冬大雪；物理如此，人理也是如此。想要成为英雄豪杰，成就非凡的事业，就必须先接受严厉的磨练；处身艰难的环境，不是上天在为难，而是上天有心要培育；做人不可不认识这点。那么如何迎接这种挑战？那就要求我们时刻做好准备，方能全身而退。

偏激之人，难建功业

燥性者火炽，遇物则焚；寡恩者冰清，逢物必杀；凝滞固执者，如死水腐木，生机已绝。俱难建功业而延福祉。

注释

炽：火旺。《北史·齐纪总论》："火既炽矣，更负薪以足之。"（负薪：背柴）

凝滞：停留不动，比喻人的性情古板。

祉：福。

译文

一个性情暴躁的人就像炽热的烈火，仿佛跟他接触就会被烧毁；一个刻薄寡恩的人就像寒冷的冰块一样冷酷，仿佛碰到他都会被无情地残害；一个固执呆板的人，就像静止的死水和腐朽的枯木，毫无一线生机。这些人都难以建立功业，造福于人。

智慧解读

就像各人面目不同，任何人都有不同性格，旁人无法去要求别人一定要有怎样的个性。不过，再怎么不同，也不能和他人格格不入。急躁、缺少人情、不知变通，这些性格都不是一般人所能够接受的；不能被一般人所接受，还能进一步谈做人做事吗？

愉快求福，去怨避祸

福不可徼，养喜神，以为招福之本而已；祸不可避，去杀机，以为远祸之方而已。

注释

徼：求、求取，当祈福解。

喜神：喜气洋洋的神态。

杀机：暗中决定要杀害他人的动机。

译文

福分是不可强求的，保持愉快的心境，才是召来人生幸福的根本；灾祸是无法逃避的，排除怨恨的心绪，才是远离灾祸的办法。

智慧解读

世间没有不劳而获的事，也没有永远能够投机取巧，或为恶永远逍遥法外的人。想拥有幸福，虽不一定胼手胝足，但总不能没有积极上进的蓬勃朝气。谁也不愿祸害天诛，但本身心术不正，无恶不作，又怎能免除祸害天诛？

宁默毋躁，宁拙毋巧

十语九中，未必称奇，一语不中，则愆尤骈集；十谋九成，未必归功，一谋不成，则訾议丛兴。君子所以宁默毋躁，宁拙毋巧。

注释

愆尤：愆，过失；尤，责怪。愆尤是指责归咎的意思。李白诗："功成身不退，自古多愆尤。"

骈：并。《管子四称》："出则党骈。"

訾议：訾，诋毁。訾议是非议、责难的意思。

译文

十句话有九次都说得很正确，未必有人称赞你，但是如果有一句话没说对，那么就会受到众多的指责。十个谋略有九次成功，人们不一定把功劳给你，但是如果有一次谋略失败，那么批评、责难之声纷至沓来。这就是君子宁可保持沉默也不浮躁多言，宁可显得笨拙也不显露机巧的缘故。

智慧解读

现实生活中，往往有一种奇怪的现象，干的不如不干的，说的不如不说的，因为你做了，你的不足就显出来了；你说了，你的思想就暴露了；你做得多了业绩高了，你便成了矛头的目标，因为你的成功妨碍了别人，而有些人专喜欢说别人的坏话。这种心态有幸灾乐祸，有好奇心也有权威感，总觉得自己能传播一句揭发他人隐私的消息，才足以显示自己是消息灵通人士，借以满足自己的权威欲望，所以俗语才有"好事不出门，坏事传千里"。好事所以出不了门，那是因为人们有嫉妒心，看到你有光彩的事就矢口不提，结果就使这种好事遭受尘封和冷冻，以致永远无法让世人知道。反之，一旦做了一件坏事，在人们幸灾乐祸心理驱使下，立刻一传十、十传百，很快就能让所有人知道。所以作者才发出了"十语九中，未必称奇，一语不中，则愆尤骈集；十谋九成，未必归功，一谋不成，则訾议丛兴"的慨叹。这里"谨言慎行"固然是明哲保身的一种方式，但也表明另一种方式，即遇事宜在深思熟虑后一语中的。

热心之人，其福亦厚

天地之气，暖则生，寒则杀。故性气清冷者，受享亦凉薄。惟和气热心之人，其福亦厚，其泽亦长。

注释

天地之气：指天地间的气候。

杀：衰退，残败。黄巢《不等后赋菊》诗："待到秋来九月八，我花开后百花杀。"

性气：性情、气质。

清冷：清高冷漠。

受享：所享的福分。

泽：恩泽、恩惠。《史记·西门豹传》："故西门豹为邺令，名闻天下，泽流后世。"（流：流传。）

译文

自然界气候温暖的时候就会催发万物，气候寒冷的时候就会使万物萧条沉寂。做人的道理也和大自然一样，性情高傲冷漠的人，所得的福分也比较淡薄。只有那些性情温和而又乐于助人的人，他所得到的回报才会深厚，福分才会绵长，留下的恩泽也会长久。

智慧解读

一个人的性情是需要磨练的，待人太热或太冷都不好。但在社会中，古道热肠毕竟让人愿意接受，和和气气更是持家立业之根本。一个性情过于冷酷的人就如寒冬一般，使万物丧失了生机，这种人很难得到别人的协助。"敬人者人互敬之，助人者人互助之"。可见社会必须互助合作互相尊重才能进步。从做事来讲，个人力量是有限的，"大家拾柴火焰高""合则两利，分则两害"，人们必须互助合作才有更大力量。假如一个人整天板着冰冷的面孔自认清高，那谁愿意和他精诚合作创造事业呢？结果这种人只有在离群而居孤立无援的情况下度过寂寞的一生，人间的温暖也会由于冷漠而少有。

天理路广，人欲路窄

天理路上甚宽，稍游心，胸中便觉广大宏朗；人欲路上甚窄，才寄迹，眼前俱是荆棘泥涂。

注释

天理：天道。

游心：游，出入。游心是说心念出入的天理路上。

人欲：人的欲望。

寄迹：投身立足。

荆棘：比喻纷乱梗阻。《后汉书·冯异传》："异朝京师，引见，帝谓公卿曰：'是我起兵时主簿也，为吾披荆棘，定关中。'"

译文

追求自然真理的正道十分宽广，稍微用心追求，就感觉心胸坦荡开阔；追求个人欲望的邪道非常狭窄，刚把脚踏上去，就发现眼前布满了荆棘泥泞，寸步难行。

智慧解读

一个人行正大之事，除了会遭小人横阻，其他的人无不加以认同；而天下小人不过一小撮，所以天理是一条光明大道，只要踏步其间，到处一片平坦。一个人行不合理法之事，没有人会认同，只有小人才认同，所以人欲是一条羊肠小道，踏步其间，到处举步维艰，随时有堕入深渊的危险。

磨练福久，参勘知真

一苦一乐相磨练，练极而成福者，其福始久；一疑一信相参勘，勘极而成知者，其知始真。

注释

参勘：参，交互考证；勘，调查、核对。

知：通"智"。

译文

在人生路上经过艰难困苦的磨练，就会获得幸福，这样的幸福才会长久；对知识的学习和怀疑交替验证，探索到最后而获得的知识，才是千真万确的智慧。

智慧解读

安定的环境不能造就真正的人才，必须能在变化的环境中接受磨练，日后才有大成。自然的变化无常，人生的变化同样无常；雨后的花草才清新，患难的人生才真实。这些道理一般人都可以明白，不过希望做温室中的小花的人仍然有。他们不愿经风雨，一味眷恋温室中的温馨，到头来也只能庸碌一生，难有大成。

虚心明理，实心却欲

心不可不虚，虚则义理来居；心不可不实，实则物欲不入。

注释

虚：谦虚、不自满。

实：真实、执着。

译文

一个人不可以没有虚怀若谷的胸襟，只有谦虚才能获得真正的学问和真理；一个人的内心不能不抱着择善的坚决态度，只有坚定的意志才能不受名利的诱惑，挡住物欲的侵袭。

智慧解读

这道理对人特别受用。人的一生必须不断学习改进，随时记取可贵为鉴的教训，使自己的心实实在在，才能进一步去辨别是非，判断善恶，做一位成功的人物。否则，骄矜浮华，自以为是，不但人生不会再有进步，久而久之还会造成是非不明、正邪不分的结果。

宽宏大量，胸能容物

地之秽者多生物，水至清者常无鱼。故君子当存含垢纳污之量，不可持好洁独行之操。

注释

水至清者常无鱼：《孔子家语》中有"水至清则无鱼，人至察则无徒"。

含垢纳污：容纳脏的东西，比喻有容忍的气度。

操：品德、品行。《史记·张汤传》："汤之客田甲，虽贾人，有贤操。"（贾人：商人。）

译文

污物的地方往往滋生众多生物，而极为清澈的水中反而没有鱼儿生长。所以真正有德行的君子应该有容纳度量，绝对不能自命清高，孤芳自赏。

智慧解读

人要有大度，能容天下人，然后才能为天下人所容。凡是有大福的人，一定有容人的度量。史措臣曾说过这么一段话："容得几个小人，耐得几桩逆事，过后颇觉心胃开豁，眉目清扬；正如人吃橄榄，当下不无酸涩，然回味时，满口清凉。"容忍小人，往往是人情所难；如果我们认为人生要像顾恺之说的倒吃甘蔗，渐入佳境，那么，就同时要能吃橄榄，容下小人。

多病未羞，无病是忧

泛驾之马可就驰驱，跃冶之金终归型范。只一优游不振，便终身无个进步。白沙云："为人多病未足羞，一生无病是吾忧。"真确论也。

注释

泛驾之马：泛驾，谓覆驾。《汉书·武帝纪》："泛驾之马。"

跃冶之金：比喻不守本分而自命不凡的人。

型范：铸造用的模具。

白沙：陈献章，明朝学者，广东新会人。字公甫，隐居白沙里，世人称他为白沙先生。著有《白沙集》十二卷。

译文

在原野上奔驰的野马经过人的驯养可以成为供人驾驭奔驰的好马，溅到熔炉外面的金属最终还是被人放在模具中熔铸成可用之物。而人只要一落入游手好闲不思振作的地步，那么就永远不会有什么出息了。所以白沙先生说："一个人有很多缺点并不可耻，只有一生都看不到自己缺点的人才是最令人担忧的。"这真是至理名言。

智慧解读

人再怎么回避现实，到底还是置身在现实之中。在日常生活之中，我们不难发现一类不能面对现实、遇事畏首畏尾的人，这类人虽表面回避了某些事实，然而事实并不因为人的回避而消失，只有面对事实不畏缩，才能改变事实。因此，人生在世，只有面对现实环境，接受锻炼才能真实地过一生。

一念贪私，坏了一生

人只一念贪私，便销刚为柔，塞智为昏，变恩为惨，染洁为污，坏了一生人品。故古人以不贪为宝，所以度越一世。

注释

一念：一瞬间所引起的观念。

恩：惠爱、恩惠。

惨：狠毒。

品：品质、品德。

度越：超越。

译文

人只要有一丝贪图私利的杂念，那么就会由刚直变为懦弱，由聪明变为昏庸，由慈善变为残忍，由高洁变为污浊，结果损坏了他一生的品格。所以古人把不贪作为修身的宝贵品质，从而超凡脱俗地度过一生。

智慧解读

贪则不廉，不廉则无所不取，无所不取则理智不明，任何丧道败德的勾当都做得出来。"祸莫祸于贪心"，古人早就有贪为败身之大的说法，而世俗也有"拿人家的手短，吃人家的嘴软"的警语；假如不是本分所应获得，虽一分一毫之取，就是贪。一时的不慎，足以毁去一生的名节，做人对取予之道，实在不能有丝毫的含糊。

保已成业，防将来非

图未就之功，不如保已成之业；悔既往之失，不如防将来之非。

注释

业：事业、功业。《左传·襄公十八年》："人其以不谷为自逸而忘先君之业矣。"

失：过失、错误。

非：过失。

译文

与其图谋计划没有把握的功业，还不如将精力用来保持已经完成的事业；与其追悔过去的过失，还不如将精力用来预防将可能发生的错误。

智慧解读

人不能做没有把握的事，不能因为已往的事误了前途。做任何事情，都有一定的步骤，令人欣羡的事业不是一步可成，惟有按部就班，先从眼前做好，才有可能创立心中的事业。其次，人不能在后悔之中过一辈子，过去的已经过去，未来还有好多事等着去做，陷入往事泥沼的结果，将把自己带入无尽的虚无。

培养气度，不偏不颇

气象要高旷，而不可疏狂；心思要缜密，而不可琐屑；趣味要冲淡，而不可偏枯；操守要严明，而不可激烈。

注释

气象：气度、气质。

疏狂：狂放不羁的风貌。

缜密：周全、细致。

琐屑：烦杂、烦琐。

激烈：指偏激。

译文

一个人的气度要高远旷达，但是不能太狂放不羁；心思要细致周密，但是不能太杂乱琐碎；趣味要高雅清淡，但是不能太单调枯燥；节操要严正光明，但是不要偏激刚烈。

智慧解读

做人固然要往正大的道路走，但要小心提防不知不觉流于偏颇。气度、心思、生活、操守，一般人都知道必须开阔、周密、清淡、严明，但在实践之中，却又会在刻意求好的情况下，流于偏枯。如此看来，做人实在太不容易，然而仔细一想，自然认真、不虚伪做作不就可以使人内外的思想言行中节，不偏不颇吗？

风不留声，雁不留影

风来疏竹，风过而竹不留声；雁渡寒潭，雁去而潭不留影。故君子事来而心始现，事去而心随空。

注释

寒潭：大雁都在秋天飞过，河水此时显得寒冷清澈，因此称寒潭。

现：显现。

空：平静。

译文

当风吹过稀疏的竹林时，会发出沙沙的声响，当风吹过之后，竹林又依然归于寂静而不会将声响留下；当大雁飞过寒冷的潭水时，潭面映出大雁的身影，可是雁儿飞过之后，潭面依然晶莹一片，不会留下大雁的身影。所以君子临事之时才会显现出本来的心性，可是事情处理完后心中也恢复原来的平静。

智慧解读

这里借"风来疏竹，雁渡寒潭"的比喻，十分精彩。风吹到竹林，分开竹枝叶，而风过之后，风自风，竹自竹；雁飞临潭水上空，在潭面冷然印上影子，而一旦飞越过去，雁自雁，潭自潭。人确实要有这种心胸，随时提得起来，随时放得下去，一进一退之间，完全不陷在事物的得失上面。

君子懿德，中庸之道

清能有容，仁能善断，明不伤察，直不过矫，是谓蜜饯不甜，海味不咸，才是懿德。

注释

清：清廉。

懿德：美德。《诗·大雅·烝民》："民之秉彝，好是懿德。"《传》"懿，美也。"

译文

清廉纯洁的人，有包容一切的雅量，有仁义和敏锐的判断力，洞察一切而又不苛求于人，正直而又不过于矫饰，如果做到恰如其分，就像蜜饯，虽由蜜浆炮制却不太甜；就像海水，虽然含盐但不太咸一样。那就是一种高尚的美德。

智慧解读

"蜜饯不甜，海味不咸"，光看字面，很容易使人迷惑，但如果明白了太甜、太咸都有伤胃口，自然就明白这句话的道理。人，也是一样，方不容物、优柔寡断、矫情偏直，都不是中庸之道，均非处世所应有，必须能在不断反省中改正自己，才是立身之道。

穷当益工，不失风雅

贫家净扫地，贫女净梳头，景色虽不艳丽，气度自是风雅。士君子一当穷愁寥落，奈何辄自废弛哉！

注释

益工：益，增加。《韩非子·定法》："五年而秦不益一尺之地。"益工指更努力下功夫。

景色：此处指摆设、穿着。

寥落：寂寞不得志。

奈何：为什么要。

废弛：应做的不做，指自暴自弃。

译文

贫穷的人家经常把地扫得干干净净，穷人的女儿天天把头梳得整整齐齐，虽然没有艳丽奢华的陈设，美丽的装饰，却有一种自然朴实的风雅气质。有才之君子，怎能因穷困忧愁或者际遇不佳受到冷落，就自暴自弃呢！

智慧解读

贫穷潦倒，这种环境自古以来不知埋葬过多少人，固然使人同情，但更值得警惕。因为贫穷潦倒并不可耻，也并不能永远困住人，屈服丧志才是可耻，也才能永远困住人。因此，我们要有这种认识：形势是客观的，操之在我，不要屈服于一时的困逆。

未雨绸缪，有备无患

闲中不放过，忙处有受用；静中不落空，动处有受用；暗中不欺隐，明处有受用。

注释

未雨绸缪：绸缪，缠绕、缠绵。未雨绸缪比喻事先做好准备。

受用：受益。《朱子全书》："认得圣贤本意，道义实体不外此心，便自有受用处耳。"

译文

在闲暇时不让时光轻易流过，抓紧时间做些准备，到了忙的时候自然会有用；在平静时不让心灵空虚，在遇到变化的时候就能够应付自如；在没有人看见的时候也不做阴暗的事，在大庭广众之下自然会受到尊敬。

智慧解读

春秋时，晋悼公当了国君以后，想重振晋国的威名，像他的先祖晋文公一样，称霸诸侯。这时，郑国是一个小国，一会儿和晋结盟，一会儿又归顺楚国。晋悼公很生气，公元 562 年，他集合了宋、鲁、卫等 11 国的部队出兵伐郑。郑简公兵败投降，给晋国送去大批礼物，计有兵车一百辆，乐师数名，一批名贵乐器和十六个能歌善舞的女子。晋悼公很高兴，把这些礼物的一半赏赐给魏绛，说："魏绛，是你劝我跟戎、狄和好，又安定了中原各国；八年来，我们九次召集各国诸侯会盟。现在我们和各国的关系，就像一曲动听的乐曲一样和谐。郑国送来这么多礼物，让我和你同享吧!"魏绛说:"能和戎、狄和好相处,这是我们国家的福气,大王做了中原诸侯的盟主,这是凭您的才能,我出的力是微不足道的。不过,我希望大王在安享快乐的时候,能够多考虑一些国家的未来。《尚书》里说:'在安定的时候,要想到未来可能会发生的危险;您想到了,就会有所准备,有所准备,就不会发生祸患。'我愿意用这些话来提醒大王!"

做事做人都不是一朝一夕就能功德圆满、功成名就的,平时不抓紧时间积累知识,平时不注意修身养性,指望临时受用不可能有长久的效果。古来名将驰骋千军万马之中而泰然自若,熟用兵法韬略运筹帷幄,虽说经常出入于九死一生之中却仍然能悠闲自得毫不仓皇,这就说明"闲中不放过,静中不落空"的功用,"临阵磨枪""临渴掘井",是不能从容应敌的。一个人的修省也应如此,应时时处处保持一致。不要认为一个人在深夜独处没人知道而做些坏事,像鸡鸣狗盗之徒一样夜间蠢动,其实只能欺人于一时,却不能长久掩饰自己的劣行丑迹,一旦事情败露就将永远难以做人。所以一个君子必须注意平时的磨练、积累,才会临事有一定之规,做事有一定见识。

念头起处,切莫放过

念头起处,才觉向欲路上去,便挽从理路上来。一起便觉,一觉便转，此是转祸为福，起死回生的关头，切莫轻易放过。

注释

挽：牵引，拉。《左传·襄公十四年》："或挽之，或推之。"

译文

在念头刚刚产生时，一发觉此念头是个人欲望，便马上用理智将它拉回到正道上来。邪念一起就警觉，一发觉就转变方向，这个时候就是将祸害转变为幸福，将死亡转变为生机的关键，千万不能轻易放过。

智慧解读

一念不慎，足以铸下千古恨事。在我们这个社会里，大众传播工具每天都有来自不同角落的这类报道。其实，人都有分别善恶的心，主要是定力不够，把持不住自己，使得自己越陷越深，终致不能自拔。如果一开始就有向善的决心，往往就不会为外物所动摇。

静闲淡泊，观心证道

静中念虑澄澈，见心之真体；闲中气象从容，识心之真机；淡中意趣冲夷，得心之真味。观心证道，无如此三者。

注释

澄澈：河水清澈见底。

真体：指心性的真正本源。

气象：此指气度、气概。

译文

清静的时候，意念思虑清澈，可以看出心性的本源；在闲暇中气度舒畅从容，可以发觉心中真正的玄机；在淡泊中性情谦静平和，可以体会心中真趣味。反省内心印证道理，没有比这三种方法更好的了。

智慧解读

人如要有真实的人生，必须先有宁静淡泊的胸襟。在物质文明发达的今天，人们竞相追求享受，每天汲汲于物欲，人与人之间的利害冲突愈来愈尖锐，这使得人生价值每况愈下，人心愈趋于卑靡，而物质已反客为主，大有统治人类之势。人类如欲免于物质的奴役，本真如欲免于物欲的埋葬，那么，就要返璞归真，有宁静淡泊的胸襟。

动中真静，苦中真乐

静中静非真静，动处静得来，才是性天之真境；乐处乐非真乐，苦中乐得来，才是心体之真机。

注释

性天：天性、本性。

译文

在悄然无声的环境中所得来的宁静，不能算是真正的宁静，在喧闹骚动中能保持宁静的心情，才算达到天性原本的真境界；在快乐的地方得到乐趣不能算是真正的快乐，只有在艰苦的环境中仍然能保持乐观的情趣，这种快乐才是人本性中真正快乐的境界。

智慧解读

我国著名数学家华罗庚，因家境贫困，从小就替父亲担起全家的生活重任。但一有空，就借几本数学书来看，他用 5 年时间自学了高中三年和大学初年级的全部数学课程。18 岁那年染上了伤寒病，为此，家里的东西全部当光，生命保住了，却成了终身残疾。但他仍一心在数学王国的海洋里劈波斩浪。

德国音乐大师巴赫，他 9 岁时就失去了母亲，第二年又失去了父亲，成了一个孤儿。为了学习音乐，十几岁的孩子，没有旅费，一个人步行 400 多公里到汉堡去拜师求艺，为了学习名家名曲，想借他哥哥的曲谱，可他哥哥执意不同意，他偷偷抄曲谱，一抄就是半年。他哥哥不支持他学音乐，可他对音乐情有独钟，矢志不渝，含辛茹苦，勤奋追求，终于获得成功。

　　这两位大师的遭遇更为他们的成功镀上了一层光环。就像是常吃苦的东西，会发现糖格外香甜。"欲识永明旨，门前一湖水；日照光明至，风来波浪起。"在这朴素动人的画面，有着幽邃的悟境，这是静思的时候，也是活跃的时候，但在一切时空中，又只是一池湖水而已。永明延寿禅师这首偈子，和这里的意思不正一样？时间的一切都是在对比之下才能更显突出。

舍己勿疑，施恩勿报

　　舍己毋处其疑，处其疑，即所舒之志多愧矣；施人毋责其报，责其报，并所施之心俱非矣。

注释

　　舍己：牺牲自己。
　　毋处其疑：不要犹疑不决。

译文

　　既然要作出自我牺牲，就不要过多地计较得失而犹豫不决，过多计较得失，那么这种自我牺牲的心意就会打折扣；既然要施恩与人就不要希望得到回报，如果一定要求对方感恩图报，那么这种乐善好施的善良之心也就会变质。

智慧解读

见义要能勇为，并且要有不冀回报之心。我曾经听过朋友一段遭遇，他在公车上看见一位老年人伛偻地站在他身旁，立刻想到应该起身让坐，却因怕旁人的注目而不敢。其实人有以道德自任的责任与义务，何必犹疑不下？而行道既为人的责任与义务，又怎能想要受者感激甚至图报？

厚德积福，逸心补劳

天薄我以福，吾厚吾德以迓之；天劳我以形，吾逸吾心以补之；天厄我以遇，吾亨吾道以通之。天且奈我何哉？

注释

薄：减轻。

迓：迎接。《左传·成公十三年》："迓晋侯于新楚。"

厄：穷困，危迫。《汉书·元帝纪》："百姓仍遭凶厄。"

亨：通。《易·坤》："品物咸亨。"

译文

上天不给我很多福分，我就多做善事培养品德来对待这种命运；上天使我的身体劳乏，我便用安逸的心情来保养我的身体；

命运使我的生活陷于困窘，我就开辟我的道路来打通困境。上天又能对我怎么样呢？

智慧解读

"天劝自劝者"，就是在告诉人要勇敢坚强地面对现实，不要因为一时的困危而灰心丧志。环境乃是勇者所创造出来的，因为勇者"不忧、不惧"，处变能不惊，庄敬以自强；惟有懦弱的人，才不思振作，对环境妥协、屈服。

天机最神，智巧何益

贞士无心徼福，天即就无心处牖其衷；憸人着意避祸，天即就着意中夺其魄。可见天之机权最神，人之智何益？

注释

贞士：指意志坚定的人。

徼福：徼，同邀，祈求。《左传·僖公四年》："君惠徼福于敝邑之社稷，辱收寡君。"

牖：打穿墙壁用木料做的窗子。《说文·通训定声》："牖，旁窗也。"

憸人：行为不正的小人。憸：邪妄。《书·立政》："国则罔有立政用憸人。"

译文

一个志节坚贞的人，虽然并不用心去为自己求取福分，可是上天却在他无意之间引导他完成自己的心愿；阴险邪恶的小人虽然用尽心机去躲避灾祸的惩罚，可是上天却偏在他着意逃避之处夺走他的魂灵使其蒙受灾难。由此可见，上天的玄机极其奥妙、神奇莫测，人类平凡无奇的智慧在上天面前实在无计可施。

智慧解读

"死生有命，富贵在天。"（《论语·颜渊篇》）这句子夏拿来安慰司马牛的话，看来似乎颇为消极，其实细细领会，却很有道理。想想寿命、富贵如果能由祈祷中得来，那么人生的意义何在？又如果本身三心二意，没有一个目标，只知烧香拜佛、守株待兔，福分就会降到身上吗？至于处心积虑躲避罪名，更是不可能的事；事实终归事实，自己犯的过失明明白白地呈现在人们眼前，要如何去掩蔽呢？

栖守道德，莫依权贵

栖守道德者，寂寞一时；依阿权势者，凄凉万古。达人观物外之物，思身后之身，宁受一时之寂寞，毋取万古之凄凉。

注释

道德：指人类所应遵守的法理与规范，据《礼记·曲礼》
说："道德仁义，非礼不成。"

依阿：胸无定见，曲意逢迎，随声附和，阿谀攀附权贵。

达人：指心胸豁达宽广、智慧高超、眼光远大、通达知命
的人。

物外之物：泛指物质以外的东西，也就是现实物质生活以外
的道德修养和精神世界。

身后之身：指死后的名誉。

毋：同"勿"，不要。

译文

涉世不深的人，阅历不深，沾染的不良习惯也少；而阅历丰
富的人，权谋奸计也很多。所以，一个坚守道德准则的君子，与
其精明老练，熟悉人情世故，不妨朴实笃厚；与其谨小慎微曲意
迎合，不如坦荡大度，不拘小节。

智慧解读

人之所以为人，在于有理性；换句话说，也就是有道德理
念。因此，人生在世，不论出身于任何时代、任何文化背景，无
不以实现道德理想为主。这一共同精神是永恒不变的。假如人生
没有道德目标，人生不但失去了努力的方向，同时，一生都必定

在缺乏内里精神的空虚中打转，充满痛苦、空虚与悲观。既然人生是有目的的，而这个目的便是道德目的。那么，以自己本身的力量去帮助他人、影响他人，自然是绝大多数人的希望。

古人将"立德"列为人生"三不朽"之首，便是有见于此。外表衣、食、住、行等等物质享受，最后只能给人带来无止境的纵欲与愈陷愈深的腐败堕落。住朱门巨宅，衣绫罗锦缎，吃山珍海味，而终日行不义，如此的人生谈何美满、尊贵之有，其人未免可悲复可怜。一位不讲道德、心术不正、趋炎附势的妖媚奸佞之徒，虽官高禄厚、衣食豪华，然而一旦天怒人怨，权势依尽、享尽，到头来无不是悲惨的结局。古人曾说这样一句话："世上最尊重的莫过于道，最美善的莫过于德。"内里的真实，与外表的虚幻，取舍之间值得吾人细细思量。

朴鲁疏狂，涉世之道

涉世浅，点染亦浅；历事深，机械亦深。故君子与其练达，不若朴鲁；与其曲谨，不若疏狂。

注释

涉世：经历世事。

点染：此处是指一个人沾上不良社会习气，有玷污之意。

机械：原指巧妙器物，此处比喻人的城府。

练达：指阅历多而通晓人情世故。

朴鲁：朴实、粗鲁，此处指憨厚，老实。

曲谨：拘泥小节谨慎求全。

疏狂：放荡不羁，不拘细节。白居易诗："疏狂属年少。"

译文

涉世不深的人，阅历不深，沾染的不良习惯也少；而阅历丰富的人，权谋奸计也很多。所以，一个坚守道德准则的君子，与其精明老练，熟悉人情世故，不妨朴实笃厚；与其谨小慎微曲意迎合，不如坦荡大度，不拘小节。

智慧解读

人涉世一深，往往很自然地变得老成持重，而老成持重对于做人做事来讲，能够进退得宜，应对得体。好是好极了，但一位涉世已深的人，老成持重之后大多藏着很深的城府，这一来如果其人心术不正，那么欺诈手段就无所不用其极，一方面固然给旁人一种可怕的感觉；别一方面更使本身失去了人性。因此，对一位不能避免为情欲所逼的人而言，与其历经沧桑、失去本真，不如抱朴守拙，不过于凡事在意来得能有生趣。"吾心似秋月，碧潭清皎洁，无物堪此伦，教我如何说。"从寒山这首偈子之中，可使我们看到适时放任自然的可爱。

心事宜明，才华应韫

君子之心事，天青日白，不可使人不知；君子之才华，玉韫珠藏，不可使人易知。

注释

君子：泛指有才华和道德的人。《论语·劝学》："故君子名之必可言也，言之必可行也。"

使人：让人知晓。

玉韫珠藏：泛指珠宝玉石深藏起来。

译文

君子有高深修养，他的心地像青天白日一样光明，没有什么不可告人的事；君子的才华应像珍藏的珠宝一样，不应该轻易炫耀让别人知道。

智慧解读

"心事宜明"，是做人的原则；"才华须韫"，是做事的原则。人生在世，必须面对现实的诸般问题，基于人生而平等，及追求幸福，任何人都应以诚立世，这样才能避免尔虞我诈，有和谐的人生、社会。而发挥才华，当然是每个人做事时所应有的表现，但炫才逞能、锋芒毕露，不只会招致旁人的不服，到头来更会使自己变得刚愎自用，甚至一败涂地。所以一位有德的人，无不懂得谦退的道理。

污泥不染，机巧不用

势利纷华，不近者为洁，近之而不染者为尤洁；智械机巧，不知者为高，知之而不用者为尤高。

注释

势利：指权势和利欲，《汉书·张耳陈余传》说："势利之交，古人羞之。"

纷华：指繁华的景色。《史记·礼书》："出见纷华盛丽而说，入闻夫子之道而乐，二者心战，未能解决。"张均亦有"江涔相映发，卉木共纷华"的诗句。

不近：不去接近。

不染：不去接近、不受感染。

智械机巧：运用心计权谋。

译文

面对世间众多追逐名利的恶行，不去接近权势名利是志向高洁的，然而接近了却不为之所动的人，品格更为高尚；面对权谋诡计，不知道它奸滑手段的人固然是高尚的，而懂得了却不去用这种手段者，则无疑更加高尚可贵。

智慧解读

"近之而不染者为尤洁"，就是富贵不能淫；"知之而不用者为尤高"，就是大智若愚。权势名利，是人情所不能避免的，一旦有机会接近，人们往往争先惟恐不及。如果有人视之如天上浮云，当然人品高洁，但造福民生又必须和权势名利扯上关系。所以说一个人在置身权势名利之中，能不受到污染生出非分之心尤其高洁，这可以作为有志用世的人的座右铭。同样地，智巧机谋这类权术手段，往往可以用来对付叵测的人心，可是一旦运用权谋，对方也一定以手段相待。如此一来，就演为钩心斗角。如果知道运用权谋或可一时解决问题，而又能从头考虑这最后仍不能根本拔除问题，还是应该以诚为本，那么这种人自然高人一等，最后自然能为任何人心悦诚服，这更是每个人做人做事的座右铭。

耳闻逆耳言，心怀拂心事

耳中常闻逆耳之言，心中常有拂心之事，才是进德修行的砥石。若言言悦耳，事事快心，便把此生埋在鸩毒中矣。

注释

逆耳：刺耳，使人听了不高兴的话。《孔子家语·六本》中有"良药苦口而利于病，忠言逆耳而利于行"。

拂心：不顺心。

砥石：指磨刀石。粗石叫砺，细石叫砥。《淮南子·说山》："厉利剑者必以柔砥。"

鸩毒：鸩，是一种有毒的鸟，其羽毛有剧毒，泡入酒中可制成毒药，成为古时候所谓的鸩酒。《汉书·景十三王传赞》："古人以宴安为鸩毒。"

译文

耳中能够经常听到一些不中听的话，心中常想到一些不顺心的事，这样才是修身养性提高道行的磨砺方法；如果听到的句句话都是顺耳的，遇到的件件事都顺心，那就等于把自己的一生葬送在毒酒中了。

智慧解读

孔子家语上说："良药苦口利于病，忠言逆耳利于行。"又说："处身而常逸者，则志不广。"事实人情处危则虑深，居安则意怠，而患常生于怠忽。所以，句句悦耳、事事快心，无异将此身埋在鸩毒之中。且古人早说过"人生不如意事常八九"，可见人生在世就必须接受诸般横逆、痛苦的考验，欲求称心如意，还须经过这一关。可叹的是，人一闻忠鲠之言，常拂袖而去；一遇不顺之事，常怨尤丧气，不知这正是接受考验的最好机会。

和气喜神，天人一理

疾风怒雨，禽鸟戚戚；霁日风光，草木欣欣。可见天地不可一日无和气，人心不可一日无喜神。

注释

戚戚：忧愁而惶惶不安。《论语》中说："君子坦荡荡，小人长戚戚。"

霁日风光：风和日丽。

草木欣欣：花草树木充满生机。

喜神：心神愉快。

译文

在狂风暴雨中，飞禽走兽会感到忧伤，惶惶不安；风和日丽会使花草树木充满欣欣向荣的生机。从这些自然现象中可看到，天地间不可以一天没有祥和安宁之气，人的心中不能够一天没有愉快喜悦的心情。

智慧解读

自然界的变化，可以使得鸟兽感到惶惶不安；同样地，主宰每个人的心，一念之间可以使得行事顿异。心如果向着光明，行事必然磊落；心如果乐观，行事必然条理分明；心如果极端，行事必然不合义理；心如果悲观，行事必然多遇曲折。人情世事的顺与不顺，完全存乎一心，立身岂可不养气存和。

得意早回头，拂心莫停手

恩里由来生害，故快意时，须早回首；败后或反成功，故拂心处，莫便放手。

注释

恩里：恩惠，蒙受好处。

快意：舒适，称心。《史记·李斯传》："今弃击瓮叩瓦而就郑卫，退弹筝而就昭虞，若是者何也？快意当前，适观而已矣。"

拂心：意指不如意或不顺心。

译文

在受到恩惠时往往会招来祸害，所以在得意的时候要早点回头；遇到失败挫折或许反而有助于成功，所以在不顺心的时候，不要轻易放弃追求。

智慧解读

"弓满则折，月满则缺。"朱子曾说："凡名利之地，退一步便安稳，只管向前便危险。"事实知足常足，终身不辱；知止常止，终身不耻。张良的功成身退，韩信的空图封王，枉送性命，历史上已有太多人物为我们留下借鉴，如果不能在得意时及时回头，那就要像李斯的叹牵黄狗出游不可得了。

人生不如意十常八九，失败乃是常有的事，如果因为一时的挫折，就失去信心，未免太辜负造化把我们生成一个人了。"草木不经霜雪，则生意不固；吾人不经忧患，则德慧不成。"忧患困顿，正是成功立业之地，吾人应切记"人生伟大的胜利，常在惨痛失败之后"。

志从淡泊来，节在肥甘丧

藜口苋肠者，多冰清玉洁；衮衣玉食者，甘婢膝奴颜。盖志以澹泊明，而节从肥甘丧也。

注释

藜口苋肠：藜，植物名，藜科，一年生草本，黄绿色新叶及嫩苗可吃。苋，植物名，苋科，一年生草本，茎叶可供食用。此处指粗茶淡饭。

衮衣玉食：指权贵。衮衣是古代帝王所穿的龙服，此处比喻华服。玉食是形容山珍海味等美食。衮衣玉食是华服美食的意思。

肥甘：美味的东西，比喻物质享受。

丧也：丧失、失掉之意。

译文

能享受粗茶淡饭的人，大多具有冰清玉洁的品格；而追求锦衣玉食的人，往往甘心卑躬屈膝。所以，人的高尚志向可从淡泊名利中表现出来，而人的节操也可以从贪图奢侈享受中丧失殆尽。

智慧解读

这里讲的，拿来观察四周的人，一定可以证明丝毫不差。讲究锦衣玉食的人，就是贪图享受。一贪图享受，生活除了糜烂外，精神更不可能振作，一方面不能忍受突来的困境，一方面没有正大的念头，对能得到好处的人，自然摆出一付卑躬的奴颜。只要诱之以利，没有不立刻失去原则、改变立场的。而甘于粗茶淡饭的人，自然就有不自逆境屈服的坚贞气节，任何不应获得的利益，都不能使他动心，更不会去谄媚权贵富豪。如果我们还不知一个人的人品操守如何，从他的日常生活立刻可以找到答案。

田地放宽，恩泽流长

面前的田地，要放得宽，使人无不平之叹；身后的惠泽，要流得久，使人有不匮之恩。

注释

田地：指心田，心胸。

不平之叹：对事情有不平之感时所发出的怨言。

惠泽：恩泽、德泽。

流：流传之意。

不匮之恩：匮，缺乏，比喻永恒的恩泽。据《诗·大雅·既醉》篇："孝子不匮，永锡尔类。"

译文

为人处世要心胸开阔，与人为善，才不会招人的怨恨；死后留给世人和子孙的德泽，要流传长远，才会赢得后人无尽的怀念。

智慧解读

心胸不宽阔，凡事必欲计较，哪能不招致别人不满？"虎死留皮，人死留名"，生前多做有益社会人群的事，不但遗爱人间，更为子孙树立好榜样。"善为至宝，一生用之不尽；心作良田，百世耕之有余。"欲找家业，凡事应吃亏三分；要好儿孙，方寸必须放宽一步。为人处世，为了自己也好，为了子孙也好，都不能与人争一时的利害。

矜则无功，悔可减过

盖世功劳，当不得一个矜字；弥天罪过，当不得一个悔字。

注释

矜：自负、骄傲。据《尹文子》："名者所以正尊卑，亦所以生矜篡。"

弥天：满天、滔天之意。

悔：本是佛家语，自我认错请人饶恕之意。

译文

一个人即使有盖世的丰功伟绩，如果他恃功自傲自以为是的话，他的功劳很快就会消失殆尽；一个人即使犯下了滔天大罪，只要能忏悔改邪归正，也能赎回以前的罪过。

智慧解读

陶觉说："勿夸我能胜人，世间胜我者甚多。"俗语常说："放下屠刀，立地成佛。"这两句话，可为"骄矜无功、忏悔灭罪"作最浅显的说明。骄者必败，而且积极进取，立德、立功、立言，是人们理性生活中的分内事，以之夸耀于人，未免不知生活的目的、生命的意义。另则，知过能改，善莫大焉，内心悔念一动，可以为孝子，可以为义士，以前的罪愆都可以从此赎回。人生在世，不是向善，就是向恶；善德足以膏泽百世，恶行终是害人害己，想要做一个真正的人，不能不细细省察。

美名不独享，责任不推脱

完名美节，不宜独任，分些与人，可以远害全身；辱行污名，不宜全推，引些归己，可以韬光养德。

注释

美节：完美的名声和高尚的节操。

远害全身：远离祸害，保全性命。

韬光：韬，本义是剑鞘，引申为掩藏。韬光是掩盖光泽，喻掩饰自己的才华。

养德：修养品德。

译文

完美的名誉和高尚的节操，不要一个人独自拥有，必须让别人一起分享，才不会惹发他人的忌恨，避免灾害在自己身上发生；耻辱的行为和不利于己的名声，不可以全部推到别人身上，应该自己主动承担几分责任，才能收敛锋芒修养品德。

智慧解读

人到底无法除去名利之心，名利当前，可以视死如归。在这种情形之下，名利能够独事吗？可见名利可以成就一个人，也可以毁掉一个人，"功成身退"，这话值得名利双收者细思。而一个人在成就事功的过程之中，难免有嫉妒者的多方谤毁，如果一时不忍，反会节外生枝，给人把柄。薛宣说过这样一句话："必能忍人所不能忍之触忤，斯能为之所不能为之事功。"事实上，本身既无愧心之事，对于那些别有居心者悉意加上的污名谤语，有必要去加以解释、消除吗？说不定因此更加深主事者的疑心。

功名不求盈满，做人恰到好处

事事留个有余不尽的意思，便造物不能忌我，鬼神不能损我。若业必求满，功必求盈者，不生内变，必招外忧。

注释

造物：指创造天地万物的神，通称造物主。《庄子·大宗师》："伟哉夫造物者，将以予为此拘拘也。"造物亦称造化。

盈：充满。

外忧：外来的攻讦、忌恨。

译文

如果做任何事都留有几分余地，那样即使是全能的造物主也不会忌恨我，鬼神也不能对我有所伤害。如果在事业上过度好强，功业追求绝对的完美，那么即使不为此而发生内乱，也必然为此而招致外患。

智慧解读

所谓"天道忌盈、卦终未济"，乃是在告诉人应该"致虚守静"，是道家的思想。道家思想以"虚无"为本，认为天地之间是虚空状态，但它的作用却从来不穷，万物就是从这虚空之处涌现出来。虽然万物纷纷纭纭，千态万状，但最后总要返回到虚空的状态；而"盈"乃表示自满，所以为人亦"忌盈"、"忌满"。

"持而盈之，不如其己；揣而锐之，不可长保。"这段《道德经》中的话，同样说出了知进而不知退、善争而不善让的祸害，叫人要适可而止。我们不难从汉初韩信诛戮、萧何击狱这两件事上得到证明。

诚心和气，胜于观心

家庭有个真佛，日用有种真道，人能诚心和气，愉色婉言，使父母兄弟间，形骸两释，意气交流，胜于调息观心万倍矣！

注释

真佛：真正的佛，此当信仰。

真道：真正的道理。道，真理。

愉色：脸上所表现的快乐神色。

形骸两释：形骸，有形的肉体，躯壳。《庄子·德充符》："今子与我游于形骸之内，而子索我于形骸之外，不亦过乎？"形骸两释，指人我之间没有身体外形的对立，即人与人之间和睦相处。

意气交流：彼此的意态和气概互相了解，互相影响。

观心：观察自己种种行为，也就是反省自己。

译文

家庭里应该有一个真正的信仰，日常生活中应该遵循一个真正的原则，人与人之间能够心平气和，坦诚相见，彼此能以愉快的态度和温和的言辞相待，那么父母兄弟之间感情就会融洽，没有隔阂，意气相投，这比起坐禅调息、观心内省还要强上千万倍。

智慧解读

"至诚足以化育万物"，任何家庭，任何人，随时都要以诚为本，一诚既立，怀疑、纷乱、贪心、懈怠、轻急都可完全清除。程颐说："以诚感人者，人亦以诚而应；以术驭人者，人亦以术而待。"从修身齐家、待人接物以至经世济民，一皆以诚而立，不诚别天下没有可成之事，本身更不能算得是个人。

伸张正气，再现真心

矜高倨傲，无非客气，降服得客气下，而后正气伸；情俗意识，尽属妄心，消杀得妄心尽，而后真心现。

注释

矜高倨傲：矜高，自夸自大；倨傲，态度傲慢。

客气：言行虚矫，不是出于至诚。

正气：至大至刚之气。例如孟子说："吾善养吾浩然之气，"这种浩然之气就是正气。

意识：心理学名词，指精神觉醒状态，例如知觉、记忆、想象等一切精神现象都是意识的内容，此处含有认识和想象等意。

妄心：妄，虚幻不实，指人的本性被幻象所蒙蔽。

真心：指真实不变的心，据《辞海》注："按楞伽经以海水与波浪喻真妄二心：海水常住不变，是为真；波浪起伏无常，是为妄。众生之心，对境妄动，起灭无常，故皆是妄心。得金刚不坏之心，惟佛而已。"

译文

一个人之所以会心高气傲自以为是，无非是为了表现出一种脱离实际的虚浮之气，如果能消除这种浮夸的不良习气，心中光明正大刚直无邪的浩然正气才会出现；一个人心中的七情六欲都是由虚幻无常的妄心所致，只要能够消除这种虚幻无常、胡思乱想的妄心，真正的善良本性就会显现出来。

智慧解读

成功的人生，当然必须具备各种条件，但不受一切外物的影响、诱惑，应是其中最基本的因素。刘向曾说："圣人以心导耳目，小人以耳目导心。"一念之间，圣贤与小人判然殊途。人处在变幻无常的世间，想要走向成功之路，是必须先下一番内心的修持工夫的。

说到"矜高倨傲，无非客气"，苏秦的家人对他前后态度的变化就是极好的一例。苏秦是洛阳人，学合纵与连横的策略，劝说秦王，给秦王写了十多封信，但都不为秦王所采纳，资金缺乏，颓丧而归。到了家，他的妻子不去织布，他的嫂子不替他做饭，他的父母不把他当作儿子。

面对此情此景，苏秦叹息说："这都是我苏秦的错啊！"于是发誓要勤奋读书。读书想打瞌睡时，拿锥子刺自己大腿，血流到了脚。后来联合了齐、楚、燕、赵、魏和韩国反抗秦国，并且佩戴了六国的相印。后来要到楚国去的时候，经过自己家乡，他的嫂嫂跪下来迎接。这时苏秦问他的嫂嫂："何前倨而后恭也？"嫂嫂的答复简单明了，她说："以季子之位尊而多金也。"

苏秦的嫂嫂正是怀有"客气"，才对不成功的苏秦做出"倨"

的举动。而苏秦的成功消灭了她的"客气"，"倨"也由此而转向
"恭"了。

路留一步，味减三分

径路窄处，留一步与人行；滋味浓的，减三分让人尝。此是
涉世一极安乐法。

注释

径路：指小路。

滋味：味道。这里指好吃的东西。

涉世：经历世事。此处指为人处世。

译文

在经过道路狭窄的地方时，要留一点余地让别人能走得过
去；在享受美味可口的食物时，要留一些分给别人品尝。这就是
一个人立身处世取得快乐的最好方法。

智慧解读

人都有感情，只要你能对人谦让几分，人对你也客气几分；
你能给人一点儿温度，人对你也知恩感德。否则你争我夺，自己
纵有再大本事，也会阴沟里翻船。"世事让三分，天空地阔；心

田培一点，子种孙收。"天道无亲，常与善人，面对人情世事，不妨三复斯言。

<h2 align="center">脱俗成名，减欲入圣</h2>

做人无甚高远事业，摆脱得俗情，便入名流；为学无甚增益功夫，减除得物累，便超圣境。

注释

俗情：世俗之人追逐利欲的意念。

增益：增加，积累。

物累：心为外物所困，也就是心中对物的欲望。

圣境：至高境界。

译文

做人不需要成就什么伟大的事业，只要能够摆脱世俗的功名利禄，就可跻身于名流；做学问没有什么特别的诀窍，只要能够排除名利的诱惑保持宁静心情，便可达到圣贤的境界。

智慧解读

人为维持生命，有求食的本能；为延续生命，有求偶的本能，而相伴这两种生存本能，则有种种欲望随之而生。有人主张摒弃一切欲望，实在是矫情与违反人性的说法，人如果无欲，不啻槁木死灰，不必生存。但个人之欲望无穷，"欲壑难填"，永远没有满足的时候，假若任其放任自流，那么所资以养生的，实足以害生，甚至萌生争执、争斗、社会不安。若要返本清源，首先就要从节欲开始。因此，即使抛开"脱俗成名、超凡入圣"不谈，为了个人生存、社会秩序，也有足够理由叫人摆脱俗情，减除物累。

志在林泉，胸怀廊庙

居轩冕之中，不可无山林的气味；处林泉之下，须要怀廊庙的经纶。

注释

轩冕：古制大夫以上的官吏，每当出门时都要穿礼服坐马车，马车就是轩，礼服就是冕。比喻高官，或者是显贵之人。《晋书·应贞传》："轩冕相袭，为郡盛族。"

山林：泛称田园风光或闲居山野之间。与林泉均喻退隐的意思。

廊庙：比喻在朝从政做官。

经纶：以治丝之事比喻政治。《易·屯》："君子以经纶。"《礼·中庸》："惟天下至诚，为能经纶天下之经。"朱熹："经者，理者绪而分之；纶者，比其类而合之。"

译文

身居要职享受高官厚禄的人，不能没有隐士的淡泊之气；而隐居山林清泉的人，应该胸怀治理国家的大志和才能。

智慧解读

说道"志在林泉"，周恩来可谓当之无愧。他坦荡无私，淡泊名利，一心为公，死而后已。

周恩来到中央苏区时，尽管大家由于折服其才能而推荐他做红一方面军的总政委，但他执意不肯，而是强调毛泽东的经验、长处，坚持重新任命毛泽东为总政委。在遵义会议上，他作为"三人团"成员之一，在全力支持毛泽东的同时，主动承担责任，自我批评，避免会议可能出现的僵局，确保会议成功。会后，他作为"党内委托在军事指挥上下最后决心的负责者"，自觉地退居于助手的地位，让毛泽东全权指挥红军的军事行动，确保毛泽东在党内军队的领导地位的逐步确立。

周恩来是中华民族最优秀的文化精神和崇高的共产主义精神的完美统一的代表，具有永恒的价值。这是人性情的一种体现。可从另一角度来讲，人类必须朝着"共生、共存、共进化"的方向发展，才有幸福的人生、光明的前途可言。因此，在人类社会之中，各种事情，都必须靠分工合作，才能获致圆满。能力好的，就来担任较繁复的工作；能力较差的，就去做一些平常的事。而人一方面有善良的本性，一方面有不能免除的世俗情欲。于是，在这些情形下，想要维持人类社会的秩序，进而开创美丽的远景，就必须有"推己及人，兼善天下"的观念，不能存着"独善其身""达则忘本"的念头。任何人，只要担任要职，不可因为名利当前，就忘却原来的责任，转而趾高气昂、强取豪夺，甚至百般诈欺，这样姑且抛开为害苍生、破坏天道不讲，最后自己也要因而身败名裂。而当尚未得到造福社会的机会时，也不能为本身条件不够而埋没自限，相反的，更要立下远大的抱负，努力充实自己，积极取得为人谋福的机会。

登高思危，少言勿躁

居卑而后知登高之为危，处晦而后知向明之太露，守静而后知好动之过劳，养默而后知多言之为躁。

注释

居卑：泛指处于地位低的地方。

处晦：在昏暗的地方。

守静：隐居山林寺院的寂静心理。

养默：沉默寡言。

躁：不安静，急促。

译文

处在低矮的地方，才知道攀登高处的危险；在昏暗的地方，才知道当初的光亮会刺激眼睛；持有宁静的心情，才知道四处奔波的辛苦；保持沉默的心性，才知道过多的言语会带来烦躁不安。

智慧解读

世俗虽然有"不经一事，不长一智"的说法，但若从"人生有限"的角度看，事事都必须等身临其境以后，才知道圆满的办法，未免太慢了些。如果我们平常观察事物、思考问题时，能够多方面去求获于心，使得自己的观点，客观周密、不偏执一隅，等到临事时，能以远大的眼光来加以处理，如此岂不是高度把握住短暂的生命？否则，再加上几个百年时光，也不够花在凡事都要摸索上面。

放得功名，即可脱俗

放得功名富贵之心下，便可脱凡；放得道德仁义之心下，才可入圣。

注释

脱凡：脱，脱俗，即超越尘世外的意思。

入圣：进入光明伟大的境界。

译文

如果能够抛弃追逐功名富贵之思想，就可超越尘世，做个超凡脱俗的人；如果能摆脱仁义道德等教条的束缚，就可以达到圣人的境界。

智慧解读

积极的人生，是把人性加以高度地发挥，使人生的意境不断地提升，这样一来，人就必须忘我、忘私，摆脱世俗杂念，才能有这种明智的行为。所以，一切的功利思想，以及虚无的赞美，都不能占据心中，都必须从心中彻底扫除，不然，即使再远大的抱负都是假的，就是有朝一日真的能够位居要职，所作所为，也无非以自我为中心，谈不上救世济人。

无过是功，无怨是德

外世不必邀功，无过便是功；与人不求感德，无怨便是德。

注释

邀：求取。

与人：帮助别人，施恩于人。

感德：感激他人的恩德。据《诗经·小雅》篇："忘我大德，恩我小怨。"

译文

为人处世不必想方设法去追逐名利，其实只要能够做到不犯错误就是最大的功劳；施舍恩惠给别人不必要求对方感恩戴德，只要别人没有怨恨自己，就是最好的回报。

智慧解读

邀功便是取辱。春秋时期，楚国人卞和在荆山里得到一块璞玉，就拿去献给楚厉王以求富贵。可是，楚厉王不识宝物，就命人以欺君之罪砍下了他的左脚。厉王死，武王即位，卞和再献宝玉，武王仍不识货，同样的罪名卞和被砍下了右脚。邀功就是自取欺辱，自取灭亡。"无过便是功、无怨便是德"，这并不是教人保守不前，而是一种舍己为人的仁义精神。

人生在世，做一位有用之材，服务社会，造福人群，都是分内的事；有多少心力，就尽多少心力，全是立身的义务。如果事事强邀功劳，必求感德，那平日所作所为还有什么价值可言？"无过便是功，无怨便是德"，乃是针对"处世不必邀功，与人不求感德"而说的，并不是重点所在，和佛家"吃饱即是福、无病即是福"的意思相同。

真味是淡，至人如常

酼肥辛甘非真味，真味只是淡；神奇卓异非至人，至人只是常。

注释

酼肥：酼，美酒；肥，美食、肉肥美。《淮南子·主术篇》中说："肥酼酣脆，非不美也；然民有糟糠菽粟，不接于口者，则明主弗甘也。"

真味：美妙可口的味道，喻人的自然本性。

卓异：神奇怪异。

至人：道德修养都达到完美无缺的人，即最高境界。《庄子·逍遥游》篇有："至人无己，神人无功，圣人无名。"

译文

烈酒、肥肉、辛辣、甘甜并不是真正的美味，真正自然的美味是清淡平和；言谈举止神奇超常的人不是道德修养最完美的人，真正道德修养完美的人，其行为举止和普通人一样。

智慧解读

"自然才真"，因为天性如此，人性也必须如此。任何刻意成就的东西，新奇是够新奇，刺激是够刺激，但已失去本来面目。

任何事物，只有在平凡之中，才能显现可爱之处。"伟人是平凡的"，道理就在此。因为在平凡之中，才能保全人性，才能完全体察人情世事，发挥人性的光辉，才能从而成就伟大的人格。

不恶小人，有礼君子

待小人，不难于严，而难于不恶；待君子，不难于恭，而难于有礼。

注释

小人：泛指一般无知的人，此处含品行不端的坏人的意思。
恶：憎恨。

译文

对待心术不正的小人，要做到对他们严厉苛刻并不难，难的是做不到不憎恶他们；对待品德高尚的君子，要做到对他们恭敬并不难，难的是遵守适当的礼节。

智慧解读

东汉初年的隐士梁鸿，字伯鸾，扶风平陵人（今陕西咸阳西北）。博学多才，家里虽穷，可是崇尚气节。

由于梁鸿的高尚品德，许多人想把女儿嫁给他，梁鸿谢绝他们的好意，就是不娶。与他同县的一位孟氏有一个女儿，长得又黑又肥又丑，而且力气极大，能把石臼轻易举起来。每次为她择婆家，就是不嫁，已三十岁了。父母问她为何不嫁。她说："我要嫁像梁伯鸾一样贤德的人。梁鸿听说后，就下娉礼，准备娶她。

孟女高高兴兴地准备着嫁妆。等到过门那天，她打扮得漂漂亮亮的。哪想到，婚后一连七日，梁鸿一言不发。孟家女就来到梁鸿面前跪下，说："妾早闻夫君贤名，立誓非您莫嫁；夫君也拒绝了许多家的提亲，最后选定了妾为妻。可不知为什么，婚后，夫君默默无语，不知妾犯了什么过失？"梁鸿答道："我一直希望自己的妻子是位能穿麻葛衣，并能与我一起隐居到深山老林中的人。而现在你却穿着绮缟等名贵的丝织品缝制的衣服，涂脂抹粉、梳妆打扮，这哪里是我理想中的妻子啊？"

孟女听了，对梁鸿说："我这些日子的穿着打扮，只是想验证一下，夫君你是否真是我理想中的贤士。妾早就准备有劳作的服装与用品。"说完，便将头发卷成髻，穿上粗布衣，架起织机，动手织布。梁鸿见状，大喜，连忙走过去，对妻子说："这才是我梁鸿的妻子！"他为妻子取名为孟光，字德曜，意思是她的仁德如同光芒般闪耀。

人性本善，任何小人都不是天生而成的，都是后天的环境因素所导致；而且小人随时都有良心谴责的时候，都有想做正人君子的念头。虽然人情大抵憎恶，可是要使小人归向善类，是不应该待之以轻视、憎恨的眼光的。至于做一位君子，是人的本分；面对君子，何必表现过分的恭敬？人们就是由于认为君子是了不起的人物，才使自己离君子的境界有一段距离，其实君子乃是最平常的人。

降魔先降心，驭横先驭气

降魔者，先降自心，心伏，则群魔退听；驭横者，先驭此气，气平，则外横不侵。

注释

降魔：降，降服。魔，本意是鬼，此处指障碍修行。

退听：指听本心的命令，又当不起作用解。

驭：控制、统治的意思。

气：此处指情绪。

外横：意指那些外来纷乱的事物。

译文

要想降伏恶魔，必须首先降伏自己内心的邪念，只有把自己内心的邪念降伏了，那么所有的恶魔自然会消除；要想驾驭住悖礼违纪的事情，必须首先驾驭自己的浮躁之气，只有把自己的浮躁驾驭控制住了，那些外来的纷乱事物就自然不会侵入。

智慧解读

刘备白帝托孤就是心魔作怪的结果。当时关羽所守的荆州被吴国攻占，关羽兵败被俘，不降，被杀。刘备闻后尽起全国大兵去讨伐吴国，为关羽报仇，当时诸葛亮在南方和孟获打仗，所以不曾随军。但是刘备被吴火烧联营，大败后兵败退到白帝城，一病不起，病倒在白帝城的永安宫。刘备知道自己病难以治好，便派人日夜兼程赶到成都，请诸葛亮来嘱托后事。

如何降伏心魔呢？看看幽默大师萧伯纳是怎么做的。一天，萧伯纳在街上散步时，一辆自行车冲来，双方躲闪不开，都跌倒了。萧伯纳笑着对骑车人说："先生，您比我更不幸，要是您再加点儿劲，那您可就作为撞死萧伯纳的好汉而名垂史册啦！"萧伯纳的灰谐幽默缓和了当场的气氛，俩人握手道别，没有丝毫难堪。

《六祖坛经》上说："心平何劳持戒，行直何用修禅。"又说："菩提只向心觅，何劳向外求玄。"心是一切行为的主宰，做人必须从持心养性开始。人生有时会处于困窘艰险的地步，或遇到拂逆失败，以及哀痛愤怒的事。这个时候，令人气短，最为难堪，稍一不慎，即致伤身，为终身之恨，而于事情本身，依然毫无裨益。所以，人平常就必须调心理性，不要因眼前情事，攻伐方寸，自戕生命，等到临事才能忍之又忍，反转思之，以保身体，置生死、得失、荣辱等一切世俗思想于脑后。否则，高谈其他道理都是无益的，适足以给人当作笑柄。

教育弟子，要严交游

教弟子如养闺女，最要严出入，谨交游。若一接近匪人，是清净田中下一不净的种子，便终身难植嘉禾矣！

注释

弟子：同子弟。

匪人：泛指行为不正的人。

嘉禾：长得特别苗壮的稻谷。

译文

教育子弟就好像养闺阁中的女儿一样，最重要的是严格管理其生活起居，与人交往要谨慎。一旦结交了品行不端的人，就好像在肥沃的土地中，播下了一颗不良的种子，这样就永远也种不出好的庄稼了。

智慧解读

教养子女，是父母对子女的义务，也是对国家、社会的责任。社会上问题少年的日渐增多，出在为人父母的未尽义务，没有责任心。子女年幼时，心中无知，不会分辨善恶。近朱者赤，近墨者黑，为人父母者就必须加以诱导，注意子女的一言一行。严谨交游，是父母对子女的义务，也是对子女的爱心、关心。可悲的是，一些正当似懂非懂年龄的子女，却自以为走在时代前面，认为父母的观念陈腐、不正确，和生身父母划下鸿沟，造成不小的社会问题，这又是谁的过错？为人父母不易，能不慎于用心之初？

欲路勿染，理路勿退

欲路上事，毋乐其便而姑为染指，一染指便深入万仞；理路上事，毋惮其难而稍为退步，一退步便远隔千山。

注释

欲路：泛指欲念、情欲、欲望。

染指：比喻巧取不应得的利益。

仞：古时以八尺为一仞。

理路：泛指义理、真理、道理。

惮：害怕。

译文

对于欲念方面的事，不要因为贪图眼前的方便而随意沾染，一旦放纵自己就会堕入万丈深渊；关于道义方面的事，不要因为害怕困难而退缩不前，因为一旦退缩就会离真理越来越远，永远也到达不了目的地。

智慧解读

萨迪有句名言："贪婪的人，他在追逐金钱，死亡却跟在他背后。"勿以德小而弗为，勿以恶小而为之。防微杜渐，小处吃紧。

　　我们来看看羊续悬鱼拒贿的故事吧。羊续做太守时，有郡丞为了与羊续联络感情，送给他一条名贵的大活鱼。羊续十分为难，他想，如果不收，有可能扫了郡丞的面子，况且人家也是一片好意；如果收下呢，又怕别人知道后也来效仿。于是他灵机一动，将鱼收下，但是他不吃也不送人，而是将那条鱼"悬于庭"。果然，郡丞认为羊续收下了那条鱼，不久，又送鱼来。羊续便将上次悬挂于庭院中的那条鱼指给郡丞看，以此谢绝了郡丞。郡中官吏惊奇震恐，都被他所慑服，再也不敢来送礼。百姓争相传颂他的事迹，打心眼里敬佩这位新来的太守。"孔曰成仁，孟曰取义，惟其义尽，所以仁至，读圣贤书，所学何事？而今而后，庶几无愧。"

　　文天祥的节烈终于成为世世代代中华儿女的榜样。"人生必有义"，处于承平之世，固然必须认识这一人生真谛，生在危急存亡之秋，更要全力践守，这样人类的前途才有希望。"勿为欲染，见义勇为"，从做人做事到承先启后，都不能稍微离开半步。

高一步立身，退一步处世

　　立身不高一步立，如尘里振衣，泥中濯足，如何超达？处世不退一步处，如飞蛾投烛，羝羊触藩，如何安乐？

注释

　　立身：接人待物，在社会上立足。

尘里振衣：振衣是抖掉衣服上沾染的尘土，在灰尘中抖去尘土会越抖越多。比喻做事没有成效。

泥中濯足：在泥巴里洗脚，比喻做事白费力气。

超达：超脱流俗，见解高明。

飞蛾投烛：飞蛾接近灯火往往葬身火中，比喻自取灭亡。

羝羊触藩：羝，指公羊。藩，指竹篱笆。《易·大壮》："羝羊触藩，羸其角。"比喻进退两难之意。

译文

立身如果不能站在更高的境界，就如同在灰尘中抖衣服，在泥水中洗脚一样，怎么能够做到超凡脱俗呢？处世如果不作退一步考虑，就像飞蛾扑火、公羊用角去抵撞篱笆一样，怎么会有安乐的生活呢？

智慧解读

晋武帝司马炎称帝后，因为羊祜有辅助之功，被任命为中军将军，加官散骑常侍，封为郡公，食邑三千户。但他坚持辞让，于是由原爵晋升为侯，其间设置郎中令，备设九官之职。他对于王佑、贾充、裴秀等前朝有名望的大臣，总是十分谦让，不敢居其上。

后来因为他都督荆州诸军事等功劳，加官到车骑将军，地位与三公相同，但他上表坚决推辞，说："我入仕才十几年，就占据显要的位置，因此日日夜夜为自己的高位战战兢兢，把荣华当作忧患。我身为外戚，事事都碰到好运，应该警诫受到过分的宠爱。但陛下屡屡降下诏书，给我太多的荣耀，使我怎么能承受？怎么能心安？现在有不少才德之士，如光禄大夫李熹高风亮节，鲁艺洁身寡欲，李胤清廉朴素，都没有获得高位，而我无能无德，地位却超过他们，这怎么能平息天下人的怨愤呢？因此乞望皇上收回成命！"但是皇帝没有同意。

晋武帝咸宁三年，皇帝又封羊祜为南城侯，羊祜坚辞不受。羊祜每次晋升，常常辞让，态度恳切，因此名声远播，朝野人士都对他推崇备至，以至认为应居宰相的高位。晋武帝当时正想兼并东吴，要倚仗羊祜承担平定江南的大任，所以此事被搁置下来。羊祜历职二朝，掌握机要大权，但他本人对于权势却从不钻营。他筹划的良计妙策和议论的稿子，过后都焚毁，所以世人不知道其中的内容。凡是他所推荐而晋升的人，他从不张扬，被推荐者也不知道是羊祜荐举的。有人认为羊祜过于缜密了，他说："这是什么话啊！古人的训诫：入朝与君王促膝谈心，出朝则佯称不知。这我还恐怕做不到呢！不能举贤任能，有愧于知人之难啊！况且在朝廷签署任命，官员到私门拜谢，这是我所不取的。"

名利，人之所欲，但"人心不足蛇吞象，世事到头螳捕蝉"，如果没有远大的眼光，短视近利，欲壑难填，最后即使不因而葬身，也要进退两难。胡达源说："处事留有余地步，发言留有限包涵；切不可做到十分、说到十分。"这话并不是教人自扫门前雪，同样在告诉人要看清四周，不要毫无考虑地把自己完全挪出去。"弓满则折，月满则缺"，这永远是不变的哲理。最起码，一个人不能认识自己的能力、看清四周的形势，一说起话来，一做起事来，必定不被旁人接受。

修德忘名，读书深心

学者要收拾精神，并归一路。如修德而留意于事功名誉，必无实诣；读书而寄兴于吟咏风雅，定不深心。

注释

收拾精神：收拾散漫不能集中的意志。

事功：事业。

实诣：实在造诣。

吟咏：指作诗歌时的低声朗诵。

风雅：风流儒雅。

译文

一心一意致力于研究。如果在修养道德的时候在乎名声荣誉和功名成败，必定不会有真正的造诣；如果读书的时候仍喜欢附庸风雅，吟诗咏文，必定难以深入，也难以有所收获。

智慧解读

李贺，字长吉，是唐宗室郑王李亮的后裔。七岁就能作文章，韩愈、皇甫湜一开始听说这件事并不相信，等到他家，让李贺作诗，李贺一提笔很快就写完了，并自己命名为《高轩过》。两个人很是惊讶，从此以后长吉开始有名。李长吉长得纤瘦，双眉相连，长手指，能吟诗，能快速书写。每天清晨就出去，常常带着一个小书僮，骑着弱驴，背着又古又破的锦囊，碰到有心得感受的，就写下来投入囊中。从不曾先确立题目然后再写诗，如同他人那样凑合成篇，把符合作诗的规范放在心里。等到晚上回来才把那些诗稿补成完整的诗。只要不是碰上大醉及吊丧的日子，他全都这样做，过后也不再去看那些作品。他的母亲让婢女拿过锦囊取出里面的草稿，见写的稿子很多，就心疼地埋怨说："这个孩子要呕出心肝才算完啊！"

求学要专心致志，修道要真诚不伪。"一分耕耘，一分收获"，这道理人人都懂，有不少人也常挂在口中，但实践起来，却不见得容易；读书，诚然是一件很枯燥的事，必须有定力才能学成。至于修道不诚，还要注意功名地位，不只是对本身的一大讽刺，简直是自欺欺人。

解读 菜根谭

下

陈泳岑◎编著

中国出版集团

现代出版社

图书在版编目(CIP)数据

解读《菜根谭》(下)／陈泳岑编著. —北京：现代
出版社，2014.1

ISBN 978-7-5143-2129-6

Ⅰ.①解… Ⅱ.①陈… Ⅲ.①个人－修养－中国－明代－青年读物
②个人－修养－中国－明代－少年读物 Ⅳ.①B825-49

中国版本图书馆 CIP 数据核字(2014)第 008512 号

作　　者	陈泳岑
责任编辑	王敬一
出版发行	现代出版社
通讯地址	北京市安定门外安华里 504 号
邮政编码	100011
电　　话	010－64267325 64245264(传真)
网　　址	www.1980xd.com
电子邮箱	xiandai@cnpitc.com.cn
印　　刷	唐山富达印务有限公司
开　　本	710mm×1000mm　1/16
印　　张	16
版　　次	2014 年 1 月第 1 版　2023 年 5 月第 3 次印刷
书　　号	ISBN 978-7-5143-2129-6
定　　价	76.00 元(上下册)

目　录

上　篇(下)

下　篇

上 篇（下）

一念之差，失之千里

人人有个大慈悲，维摩屠刽无二心也；处处有种真趣味，金屋茅檐非两地也。只是欲闭情封，当面错过，便咫尺千里矣。

注释

大慈悲：慈，能给他人以快乐；悲，消除他人的痛苦，这是佛家语。

维摩：佛名，即"维摩诘"。释迦同时人，也作毗摩罗诘。

屠刽：屠，宰杀家畜的屠夫；刽，指以执行罪犯死刑为专业的刽子手。

金屋：指富豪之家的住宅。

咫尺：一咫是八寸。咫尺指极短的距离。

译文

人人都有一颗大慈大悲之心，维摩居士和屠夫、刽子手之间并没有什么不同；人间处处都有一种真正的情趣，金宅玉宇和草寮茅屋之间也没有什么两样。所差别的只是，人心往往被欲念和私情所蒙蔽。以至于错过了慈悲心与真情趣，虽然看起来只有咫尺的距离，实际上已经相差千万里了。

智慧解读

每个人在刚降临人世时，心地无不洁白无邪，这种共同的本性，要到开始接触周遭环境以后，才有了变化。有不少有感于此的人，就说社会是一个大染缸，人染于黑则黑；染于白则白。因此，人在懂事以后，最要小心一念之间的想法，如果一念偏差，本性受到蒙蔽，就要堕入邪恶之境而难以自拔了。

有木石心，具云水趣

进德修道，要个木石的念头，若一有欣羡，便趋欲境；济世经邦，要段云水的趣味，若一有贪长著，便坠危机。

注释

修道：泛指修炼佛道两派心法。

木石：木柴和石块都是无欲望、无感情的物体，这里比喻没有情欲。

云水：禅林称行脚僧为云水，以其到处为家，有如行云流水。黄庭坚诗："淡如云水僧"。

贪长著：贪图荣华富贵的念头。

译文

凡是培养道德磨炼心性的人，必须具有木石一样坚定不移的意志，如果对世间的名利奢华稍有羡慕，便会落入被物欲困扰的境地；凡是治理国家拯救世间的人，必须有一种如行云流水般淡泊的胸怀，如果有了贪图荣华富贵的杂念，就会陷入危险的深渊。

智慧解读

进德修业如果没有坚定不移的心，随时都会受到外物诱惑，半途而废，最后就生活在糜烂的外物追求上面。济世经邦乃是立德、立功的事，没有淡泊的胸怀，自然就是盗名欺世，就要贪赃犯法。范仲淹"先天下之忧而忧，后天下之乐而乐"胸怀，有心于济世经邦的人，实应谨记心头，时刻不忘。

善人和气，凶人杀气

善人无论作用安详，即梦寐神魂，无非和气；凶人无论行事狠戾，即声音笑语，浑是杀机。

注释

善人：心地善良的人。
作用安详：言行从容不迫。
梦寐神魂：指睡梦中的神情。
声音笑语：指言谈说笑。
杀机：指令人感到有杀人的恐惧。

译文

一个心地善良的人日常的举止都很安详，即使是睡梦中的神情，也都洋溢着祥和之气；一个凶狠残暴的人，为人处世狠毒狡诈，即使是在谈笑之中，也一样充满了肃杀恐怖。

智慧解读

气质，是十分抽象的名词，但每个人身上确实都有一股气质，而且一眼就可以看得出来。这里所讲的就是关于人的气质。一位心地善良的人，不论处于何时何地，身上都散发一股安详的气质；一位凶狠残暴的人，不论处于何时何地，总是令人感觉他身上有一股邪恶的气质。人是善类或不是善类，既然如此容易显在气质上面，那么平日所思、所行，岂可不戒慎，使之归于善路？

人生态度，晚节更重

声妓晚景从良，一世之烟花无碍；贞妇白头失守，半生之清苦俱非。语云："看人只看后半截。"真名言也。

注释

声妓：指妓女。
烟花：妓女的代称，指妓女的生涯。

译文

歌妓、舞女在晚年的时候能够嫁人做一个良家妇女，那么过去的风尘生涯对她后来的正常生活不会有什么妨害；一个坚守节操的妇女，如果在晚年的时候耐不住寂寞而失身的话，那么她前半生的清苦守节都白费了。所以俗语说："观察一个人的节操如何主要是看他的后半生。"这真是至理名言啊。

智慧解读

"善始者不如善终"，人生诚然重结果；这除了在教人保全晚节外，更有鼓励那些二度或还在错误之中生活的人，及时回头的意思在。周处早年横行乡里，被视为大害，但因为能及时幡然悔悟，改过向上，或为一代忠臣义士，不仅当时人们不再记恨他早年的作恶为害，感佩他的勇于改过，后人更引为可贵的典型。

种德施惠，无位公相

平民肯种德施惠，便是无位的公相；士夫徒贪权市宠，竟成有爵的乞人。

注释

种德：行善积德。

士夫：士大夫的简称。

市：买卖。

译文

一个平民老百姓如果愿意尽自己的能力广积恩德广施恩惠，他虽然没有公卿相国的名位，却同样受到世人景仰；那些有高官厚禄的士大夫们如果只是一味地争夺权势贪恋名声，虽然有着公卿爵位，却像一个讨饭的乞丐一样可悲。

智慧解读

任何人只要能够践守道德，多种福田，受人尊敬的程度即不下于公相。而身居官职，逢上司则打躬作揖、尽力奉迎，对下属则作威作福、予取予求，这种人谓之为乞丐，算是便宜！

积累念难，倾覆思易

问祖宗之德泽，吾身所享者是，当念其积累之难；问子孙之福祉，吾身所贻者是，要思其倾覆之易。

注释

祉：与福同义。

贻：遗留。《魏书·张衮传》："贻丑于来叶。"（叶：世）

译文

如果问祖先给我们留下什么恩德，只要看我们现在所享幸福的厚薄就可以知道，因此应当时时感谢祖先们创造积累的艰辛；如果要问我们的子孙后代将来会享受到什么样的幸福，那么只要看我们所留下恩泽究竟有多少就可以知道，同时，要考虑到这些家业是很容易遭受衰败的厄运的。

智慧解读

牛顿说，要问我为什么这样成功，那是因为我站在巨人的肩膀上。人类一身的智慧与财物，都是先人历代遗传的结果，得来不易，岂可不善加利用？而本身的一切，百年之后亦将传留子孙，若子孙不能实现利用，刹那间就化为乌有。所以每一个人生活的目的、生命的意义，就在继往开来、承先启后，岂能失根忘本？

君子诈善，无异小人

君子而诈善，无异小人之肆恶；君子而改节，不及小人之自新。

注释

诈善：虚伪的善行。
肆恶：纵恣，放肆。《左传·襄公二十三年》："不可肆也。"

译文

身为君子却具有伪善的恶行，那么他们的行为与邪恶的小人作恶多端没有什么两样；行仁义的正人君子如果放弃自己的志向落入浊流，那还不如一个改过自新的小人。

智慧解读

俗话说"明枪易躲，暗箭难防。"但生活中的暗箭却是防不胜防。许多道貌岸然的人貌似忠厚的君子，满口的仁义道德，其实肚子里净是阴谋诡计、男盗女娼。有些自称"虔诚"信教的人，藉宗教名义，施小恩小惠，既不知道《圣经》耶稣，也不知道释迦牟尼。像这种伪君子假教徒，理应受到社会唾弃。但在现实生活中，这些披着道德外衣的人往往还能得逞于一时，欺世盗名。由于披上了一层伪装，识别起来更难。"君子无作伪，作伪是小人；小人未尽恶，

自新即君子。"君子大都具有超于常人的能力，一旦变节，为害之大远于小人作恶。人非圣贤，孰能无过？小人若能走向自新之路，即是君子面目。世上不乏小人改过之后成为忠义之士的事例，而假借君子之名欺世诈善也大有其人。

春风解冻，和气消冰

家人有过，不宜暴怒，不宜轻弃。此事难言，借他事隐讽之；今日不悟，俟来日再警之。如春见解冻，如和气消冰，才是家庭的型范。

注释

隐讽：暗示，婉转劝人改过。
俟：等。
型范：典型模范。

译文

家里有人犯了过错，不能随便大发脾气，也不应该轻易地放弃不管。如果这件事不好直接说明其错误，可以借其他的事来提醒暗示，使他知错改正；今天不能使他醒悟，可以过一些时候再耐心劝告。就像温暖的春风化解大地的冻土，暖和的气候使冰消融一样，这样才是处理家庭琐事的典范。

智慧解读

齐家要先具有爱心和耐心。一般人对财物大都深具爱心，而在追求的过程之中，更具有无比的耐心。而如果对骨肉反而没有爱心和耐心，就是把骨肉当作比身外之物还不如了。

而从正面来看，骨肉有了过失，乃是家长平日教导无方，自己不以更大的爱心和耐心来加以感化，扪心自问，说得过去吗？

看得圆满，放得宽平

此心常看得圆满，天下自无缺陷之世界；此心常放得宽平，天下自无险侧之人情。

注释

险侧：邪恶不正。

译文

如果自己内心是圆满善良的，那么世界也会变得美好而没有缺陷；如果自己内心是宽大仁厚的，那么世界也会是一个没有阴险诡计的境地。

智慧解读

人能明白地观察自己的心，安心立命，就不会有什么忧愁和不满了，于是，眼所见的、心所感的都是很平和、很圆满的世界，纷乱不堪的世界也就不出来了。因此，可说象由心生，内心感觉和平圆满的话，世界也就成了圆满的世界。

人对于外界的事物能往安稳宽大的地方去想，无论你走到什么地方，对任何人都一样宽大平稳，而感觉不出有什么险恶的人情存在。因为你能对人宽平，人家也能以宽平的态度对待你，常言说得好："与人方便，自己方便。"所以说，旁人对于我的态度不管好坏都应该把它看作平常的事。对人抱着不平的态度，人家对于外界的事物就能往安稳宽大的地方去想，无论你走到什么地方，对人还以颜色，还要招致人家的不信用。

世上有的人喜欢背后批评人、说坏话，或是用的恶言恶声，那么人家也会反转过来以同样的言行来对付他。

至于观心的方法，在于要时时注意周围的人对自己的态度，人对我很友善，表示我对人也很友善。把我的本身和人认为是个别的存在，是一种错误的观念，人能够达观，我就成了相系不分离的整体。

坚守操履，不露锋芒

澹泊之士，必为浓艳者所疑；检饰之人，多为放肆者所忌。君子处此，固不可少变其操履，亦不可太露其锋芒。

注释

操履：操行，谓平日所操守及履行之事。
澹泊：恬静无为。
锋芒：比喻人的才华和锐气。

译文

对名利淡泊而又有才华的人，必定会受到那些热衷于名利的人猜疑；一个生活俭朴谨慎的人，往往会遭受那些邪恶放纵之辈的妒嫉。一个坚守正道的君子，固然不应该因此而稍稍改变自己的操守，但是也不能够过于锋芒毕露。

智慧解读

秉性淡泊、行为检束的人，本来是会被尊重的。然而，世间有嫉妒、有嫌怨他人的小人，因此对于设身处世的方法，便不能不作进一步的研究了。君子处世固然不可以改变自己的操守，去谄媚别人，或是改变正当的行为，与人同流合污；但因为受正义观念的驱使，为了保持正义固守操行，就难免和别人产生冲突。所以，处世的方法在某些情况之下，不得不走曲线作出伪装来与世俗相交。如此就可以安全的生活，人与人也可以和睦相处，慢慢的，再用道德去感化小人，自然而然就可以达到完满的效果。如果只顾超然境地脱离了社会，就如同鱼离了水，要与社会隔绝，而自己也生活不好了。

逆境砺志，顺境杀人

居逆境中，周身皆针砭药石，砥节砺行而不觉；处顺境内，眼前尽兵刃戈矛，销膏糜骨而不知。

注释

针砭药石：针砭，一种用石针治病的方法。药石，泛称治病用的药物。针砭药石比喻砥砺人品德气节的良方。

砥砺：磨刀石，此指磨练。

膏：脂肪。

译文

一个人如果生活在逆境中，身边所接触到的全是犹如医治自身不足的良药，在不知不觉中磨练了我们的意志和品德；一个人如果生活在顺境中，就等于在你的面前布满了看不见的刀枪戈矛，在不知不觉中消磨了人的意志，让人走向堕落。

智慧解读

喜好顺境而讨厌逆境是人之常情。但从精神修养上来看，顺境不一定是喜事，逆境也不一定是坏事。人当处于逆境中挣扎，就像患病的人周围充满了药腥味。所谓："良药苦口利于病"，针刺石砭是消毒祛病的最好方法。所以，人在逆境中生活虽然痛苦，可由痛苦中培养节操，锻炼行为，这正是有利于精神修养的地方。反之，人在顺境，一切事情都合乎理想，久而久之，骄傲、奢侈、放纵不羁等种种行为就都发生了。这由精神修养上来说，就像一个人在刀枪林立兵戈满眼的环境中，一不注意就被这些杀人利器穿透了胸膛而肝脑涂地，因此越安全就越不可大意。从前有父子两人砍树，父亲老了不能上树顶去折枝，于是儿子上去，儿子在树的高头折断树枝，树干摇晃的拽动着儿子的身体，看来危险万分，但是老人一声不响地看着儿子工作，等到儿子工作完了下来的时候，到了树干的最低丫杈处，老人却频频呼喊小心。儿子下来后问老人说，为什么在最高的时候不说注意，快到了平坦地上却说要注意呢？老人说，危险的时候，谁都会小心注意自己的生命安全，而不致大意。等到自己认为安全的场所，反倒粗心大意起来，这时候就容易发生意外了。

富贵如火，必将自焚

生长富贵丛中的，嗜欲如猛火，权势似烈焰。若不带些清冷气味，其火焰不至焚人，必将自烁矣。

注释

嗜欲：指放纵自己对财色的嗜好。

译文

长在富豪权贵之家的人，他们的欲望像猛火一样强烈，他们的权势像烈焰一样灼人。如果不时时给他们一些清醒的观念加以调和，即使这些欲望和权势的火焰不会焚烧他人，也会将他们自己灼伤。

智慧解读

欲利好比是人，理智好比是水；火如果没有水来制服，火势炽烈，必定会烧人焚物。

《易经》"水火既济"卦，就是水在火上，水能够制住火，达到水火既济的地步。反过来说，火在上、水在下不能制火，火势炎热万物枯焦，形成火水不济的状态。生长在高贵之家的人，他的偏好就像炽热的人，其势焰逼人。如果再缺乏理智，没有一点克己工夫，不带些清凉的定静气息，任性的去为非作歹，为了声色货利纵情肆意，这一是危害别人，最后也必定害了自己。所以，做人总要持有超世俗的情操，来调剂炽热猛烈的嗜欲，不然，纵情肆欲，胡作非为，即或不能烧人也必定会自焚。

精诚所至，金石为开

人心一真，便霜可飞，城可陨，金石可贯。若伪妄之人，形骸徒具，真宰已亡，对人则面目可憎，独居则形影自愧。

注释

霜可飞：比喻人的真诚可以感动上天，使不可能的变为可能。

陨：坏的意思。《淮南子·览冥》："景公台陨。"

真宰：天为主宰万物者，故云真宰《庄子·齐物论》："若有真宰而特不得其眹。"

译文

人的心灵只要完全真诚，那么就可以使六月下霜，使城墙哭倒，使金石贯穿。如果一个人虚伪奸邪，空有一副躯壳，真正的灵魂早已消亡，与人相处会让人觉得面目可恶，独自一个人时也会为自己的形体和灵魂感到惭愧。

智慧解读

西汉时期，有一个著名将领叫李广，他精于骑马射箭，作战非常勇敢，被称为"飞将军"。有一次，他去冥山南麓打猎，忽然发现草丛中蹲伏着一只猛虎。李广急忙弯弓搭箭，全神贯注，用尽气力，一箭射去。他以为老虎一定中箭身亡，于是走近前去，仔细一看，未料被射中的竟是一块形状很像老虎的大石头。不仅箭头深深射入石头当中，而且箭尾也几乎全部射入石头中去了。李广很惊讶，他不相信自己能有这么大的力气，于是想再试一试，就往后退了几步，张弓搭箭，用力向石头射去。可是，一连几箭都没有射进去，有的箭头破碎了，有的箭杆折断了，而大石头一点儿也没有受到损伤。

人们对这件事情感到很惊奇，疑惑不解，于是就去请教学者扬雄。扬雄回答说："如果诚心实意，即使像金石那样坚硬的东西也会被感化的。"杨雄的解释未必科学。但他强调出于真心而产生的念头，具有强大无比的力量是对的。人一真心起来，什么事都做得到。一般世俗的伪君子，对人没有一点诚意，这种人只不过具有五官四肢，他的内心、本体已经遗忘掉了。所以没有能使人感动的力量，所作所为不但使人讨厌，自己一个人离群索居的时候，也自惭形秽啊！

文章恰好，人品本然

文章做到极处，无有他奇，只是恰好；人品做到极处，无有他异，只是本然。

注释

本然：本来如此。

译文

文章写到最美妙的境界，没有什么特别之处，只是表达得恰到好处；品德修炼到最高尚的境界，没有什么特别的地方，只是表现出人最善良的本性。

智慧解读

古语说得好："学问通时意气平。"好文章做好了，虽看不出什么地方奇特，只是能够作得恰到好处，文章能够切合题目，词句运用得当，不用费解的难典，也不说无用的废话。

当人的品格修养达到了完满的境地时，他的言行也没有什么被人注意的地方，只不过是和常人一样平凡，对一切事物都能够顺其自然而不失其本来的面目。

下 篇

能看得破，才认得真

以幻迹言，无论功名富贵，即肢体亦属委形；以真境言，无论父母兄弟，即万物皆吾一体。人能看得破，认得真，才可以任天下之负担，亦可脱世间之缰锁。

注释

委形：《列子·天瑞》："'吾身非吾有，孰有之哉？'曰：'是天地之委也。'"意谓吾身之形为天地所委，非吾所自有。

缰锁：套在马脖子上控制马行动的绳索。此处比喻人事相牵。

译文

从虚幻的现象来看，不只功名富贵是假象，就连四肢五官也都是上天给予的躯壳；从真实的境界来看，不要说父母兄弟，就是万事万物也和我同为一体。所以，人要看得透彻，认得真切，才可以担负天下的重任，也才可以摆脱世间功名利禄的束缚。

智慧解读

世间的事，假如说是假的，不但一切的功名富贵，即使是你本身的肢体，也不过是借托你的身体而成形罢了。假如说是真的，则无论是我的父母兄弟，即使是世间的万物也都和我是一体。

所谓"幻迹"就像梦幻泡影，如镜花水月都是假借而来。所谓"真境"就是纯真，实体真实而不虚。举例来说，雨、雪、水、霜、露都是因温差的作用而现出各种不同的形态。这也可说是一种虚幻痕迹。其实，真实的境界不过是水的一体而已。上至日月星辰，下至人畜草木，也都是万象同根，天地一体，森罗万象莫不是由同一个真体假借各种形态而显示出来的种种幻迹。

因此，由幻迹而言，世间其实可以说是无物无我。身是由土里来的，仍然要回到土里面去。由另一面真境来说，则父母兄弟固然不用说，天地间的万物都与我是一体，并非是别物。因此，天地万物应该是平等的。由这一个真体显化出来千差万别的假相，到了最后并没有什么亲疏优劣和取舍憎爱的分别，人如果能够真正透视这一个道理，才能够担负起平天下的重大责任，达到功成名就的博大境地，而后更能够由这名利的缰绳与锁缚之中解脱，达到自由自在的真知境界。

美味快意，享用五分

爽口之味，皆烂肠腐骨之药，五分便无殃；快心之事，悉败身丧德之媒，五分便无悔。

注释

爽口：可口。

殃：残害。《孟子·告子下》："不教民而用之，谓之殃民。"

译文

可口的美味的山珍海味，多吃便等于伤害肠胃的毒药，如果只吃五分饱便不会受到伤害；令人满足如意的事情，也是引诱人走向身败名裂的媒介，只享受五分便不至于追悔莫及。

智慧解读

常言说得好："祸从口出，病从口入。"可见爽口好吃的东西应当少吃，如果不加节制吃多了，就容易招致疾病；快心如意的话应当少说，如果不加谨慎地说多了，就容易得来祸患。所以说，美味不可多贪，多贪就成了夺人生命的毒药了。如果能够用到五分就罢手，便对身体没有害处。快意称心的事情人人喜好，但做得过多就会败德乱行，因此一般人凡事讲求尽兴是很危险的，乐此于五分，就不会遭到困难而后悔。

忠恕待人，养德远害

不责人小过，不发人阴私，不念人旧恶。三者可以养德，亦可以远害。

注释

过：过错、过失。

发：揭发。

阴私：指个人私生活的隐秘事。

旧恶：指他人以前的过失。

译文

不责备别人的小过，不揭露别人的隐秘，不记恨别人的旧仇。能够做到这三点就可以培养自己良好的品德，可以使人避免祸害。

智慧解读

人家有了过失，不当面就责备他；人家有了秘密和缺点，不当众就立即抖露出来；人家从前和你有过节，一定不要记恨，也不要打算对他报复。古语说得好："君子隐恶而扬善。"

所以，不要责备人家的小过错，也不要挖掘人家的隐私，更不要念念不忘人家和你从前发生的过节，这样方可以修养个人的道德，方可以避免灾祸的侵害。

持身勿轻，用心勿重

君子持身不可轻，轻则物能挠我，而无悠闲镇定之趣；用意不可重，重则我为物泥，而无潇洒活泼之机。

注释

持身：做人的原则。

轻：轻浮。

泥：拘泥。

译文

正人君子不可轻浮急躁，要善于把握自己，修养言行要严谨，浮躁就容易受到外物的困扰，而失去了悠闲宁静的情趣；而用心不能够太执着，太执着就会使自己受到外物的约束，因为执着是偏见和短见的同行者，太执着会失去活泼洒脱的乐趣。

智慧解读

士君子无论对自己或对他人，都不可以马虎忽略，否则便被事物所控制，便受环境所阻挠，事事处于被动的地位，得不到悠闲安定，常常招出是非与烦恼。至于处世或做事方面，用意不可过于严重，凡事看得太严重，自己的身体被事物拘泥，便失掉自在的灵活运用，陷于呆板与冷酷了。这样的话又使事情执拗不通。在此轻重缓急之间，应当切实注意其中分量的加减，才不至于有过或不及之虑。

人生百年，不可虚度

天地有万古，此身不再得；人生只百年，此日最易过。幸生其间者，不可不知有生之乐，亦不可不怀虚生之忧。

注释

万古：比喻时间长。

虚：虚度。

译文

天地能够万古长存，可是人的生命却不可再次获得新生；人的一生只有百年光景，是很容易就消逝了的。有幸生活在世界上，不能不知道拥有生命的乐趣，也不能不提醒自己不要虚度时光。

智慧解读

天地的时间悠远，不知有几百万万年代，人在此期间得成了一个人身，实在是一件不容易的事。人生在世不过百年，百年的光阴却非常容易过去；况且活到一百年上寿的人，千万人中不一定有一个。古人说："人生七十古来稀。"人平均的寿命，也不过是五十上下，在一转眼之间，很快地也就过去了。

古语说，"百年三万六千日，蝴蝶梦中度一春。"人身非常不易得，幸而得生到世上，就应知道这有生之年的乐趣。真正能得享受其中的乐趣者当然不用说，然而，在一生当中什么事都不去做，只白白地虚度光阴，过着那醉生梦死的生活，和草木禽兽又有什么两样呢？所以，人不可不知道有生这一世之乐，更不可不怀有虚度了这一生的忧虑。

德怨两忘，恩仇俱泯

怨因德彰，故使人德我，不若德怨之两忘；仇因恩立，故使人知恩，不若恩仇之俱泯。

注释

彰：明显。东方朔《七谏·沉江》："夷吾忠而名彰。"

德：作动词，对我感恩怀德。

泯：灭。

译文

怨恨都会因为行善而更加明显，所以与其让人感谢我的德行，还不如让别人把赞扬和怨恨都忘掉；仇恨都是因为恩惠而产生的，所以与其让人知道我的恩惠，还不如让别人把恩惠和仇恨都忘掉。

智慧解读

怨与德是相对的，有德就不能没有怨，有怨就不能没有德；有道德对于一方面有德，对于另一方面就有怨。所以说，怨因德彰。如果不使他人怨恨，只有不要叫人家感念我的德。所以说，使人德我，不若德怨之两忘。

《左传·宣十五年》载：春秋时期，晋大夫魏颗之父临终遗嘱把其爱妾杀了殉葬。而魏颗却违其父遗愿，把那爱妾另嫁他人，并未以其殉葬。其后，魏颗与秦国的杜回交战，棋逢对手，将遇良材，杀得难解难分，难见胜负。忽然，见一老者从侧旁荒草丛中一跃而出，以手中草绳突袭杜回，使之摔了一跤。杜回遂为魏颗所俘，成就了魏颗战功。当夜，魏颗梦中再现那老人。老人在梦境中对魏颗说：我是你所嫁妇人的父亲，特来战场上结草报恩的。

怨与德是相对的，同时，恩与仇也是对立的，对于一方面施恩，对于另一方面就树仇；所以说，仇是由恩的方面成立的，没有恩就没有仇，没有仇就不得有恩，如果不想叫人仇我，那只有不要叫人家向我感恩。

总之，立德和施恩是人所应当做的，可是做的时候，必要平心静气，对于人所立的德、所施的恩，都不要向人矜夸，更不要使人家感激，如此施恩不望报，立德不图名，一方面受恩受德者也就对我无仇无怨了。

持盈履满，君子兢兢

老来疾病，都是壮时招的；衰后罪孽，都是盛时造的。故持盈履满，君子尤兢兢焉。

注释

持盈：指保守成业。

履满：履，福禄。履满，指福寿完满。

兢兢：小心谨慎的样子。《诗经·小雅·小旻》："战战兢兢，如临深渊，如履薄冰。"

译文

一个人年老时体弱多病，这都是在年轻时不注意保养身体所造成的；一个人在事业失意以后还会有恶孽缠身、遭受罪责，那都是在兴盛得意的时候埋下的祸根。所以在拥有成功和圆满的事业与生活的时候，一个君子不能不时时小心谨慎。

智慧解读

大凡一种事物，必定有原因才有结果，绝对不会没有原因的结果。有时候原因表现得不太明显，不过是尚未得到发现，一旦发现之后，其原因自然会表现了出来。所以说，有结果就必有原因。因果报应的道理，就是如此。

人到了老年生了疾病，这种种的病不是一般固有的衰老病，就是特有的一种疾病，这些病大都是在年轻的时候种下病根，到了老年，身体抵抗不住就要发作了。

其次，在一个家庭生活兴旺的时候，一定是没有什么不幸的事件发生。一旦运势衰落，不幸的灾难与祸患就都接踵而来了。然而，这些灾难与祸患并不是突然而来的，多半是家运兴盛时种下了衰败的原因。

《三国演义》之七十八回，操"忽一夜梦三马同槽而食，及晓，问贾诩曰：'孤向日曾梦三马同槽，疑是马腾父子为祸；今腾已死，昨宵复梦三马同槽。主何吉凶？'诩曰：'禄马，吉兆也。禄马归于曹，王上何必疑乎？'操因此不疑。后人有诗曰：'三马同槽事可疑，不知已植晋根基。曹瞒空有奸雄略，岂识朝中司马师？"曹操梦三马同槽却不解其意，后来司马氏专权有如当年曹操操纵汉献帝一般操纵曹魏大权。作者借用古人诗句"当年伏后出宫门，跌足哀号别至尊。司马今朝依此例，天教还报在儿孙。"真可谓"不是不报，时辰未到"啊。

君子明白了这一道理，就要在事物满足时，时时自我反省，谨慎言行，防患于未然，如此才能安稳人生，消灾避患。

扶公却私，种德修身

市私恩，不如扶公议；结新知，不如敦旧好；立荣名，不如种隐德；尚奇节，不如谨庸行。

注释

市：买卖。

扶：扶持。

敦：厚，这里指加深。

庸行：平常行为。

译文

与其收买人心，还不如去帮助大众获得利益；与其结交很多新朋友，还不如加深与老朋友之间的友谊；标榜名声，还不如在暗中积累德行；与其追求异想天开的功绩，还不如平时注意自己的一言一行，默默地做点好事。

智慧解读

对人施予恩惠，心中并没有施恩夸功的心理，可以得到人家尊敬。但这不如守正义不偏移，唤起社会公意的赞许有意义些。结交一个新的朋友，还不如对于旧日的相交好好的培养友情，温厚友情。建立优美的名声，固然是很好，但不如广植阴德来得悠久。本来想获得名誉，有时候却反招来相反的结果。

崇本尚义固然是应当做的，但不必做出受人注目的奇特节行，只要能够注意日常的行动，做到无过的行为，忠实地守住现在的岗位，谨慎平常的言行，就可以加深进德修业的基础了。

公论不犯，权门不沾

公平正论，不可犯手，一犯，则贻羞万世；权门私窦，不可著脚，一著，则玷污终身。

注释

犯手：违犯。

权门：指权贵之家。《文选·陈琳·为袁绍檄豫州文》："舆金辇璧，输货权门。"

私窦：私门，暗指走后门。

著脚：涉足之意。

译文

凡是社会大众所公认的行为准则，千万不能去触犯，一旦触犯了，就会留下永远的耻辱；凡是权贵营私舞弊的地方，千万不能去涉足，一旦沾染上了，就会玷污一世的清名。

智慧解读

公平的议论和适合道理的见解，人必须加以尊重，私情私见必须加以反对。世间的人只知道逞一己之私见，殊不知道贻留千秋万世之邪恶罪名。想来实在是万分不值得。

有权势以及唯利是图的人，我们最好远离他们。如果常常出入这等人家，自己不知不觉就受了他们的行为传染，造成终生的耻辱与不可磨灭的污点，所谓：一失足成千古恨，再回头已百年身。

人畏不忌，不惧人毁

曲意而使人喜，不若直躬而使人忌；无善而致人誉，不若无恶而致人毁。

注释

曲意：委屈自己的意志。
直躬：刚正不阿的行为。

译文

一个人违背自己的意志去博得别人的欢心，还不如保持刚直不阿的品德让那些小人去嫉恨；一个人没有什么值得称道的善行却接受别人的称扬赞颂，还不如没有恶行劣迹却遭受小人的诋毁诽谤。

智慧解读

每个人待人做人的方式是不一样的，有的人喜欢曲意迎合，不明确表达意愿；有的人喜欢直言不讳，光明磊落。对小人来讲听到刚正不阿的言语当然忌恨；而曲意者，要么是图人喜欢，要么有所乞求。人人都爱听好听的话，小人和当权者尤其如此，而正直的人则很看不惯那种阿谀。一个根本没有恶行的人而遭受诽谤，这种诽谤虽然都是出于无知者的攻击，但却能博得有识之士的同情。因为一些自己不求上进而自甘堕落的人，在心理上很不平衡，他们看到正直善良的人就不顺眼，于是就造谣生事进行诋毁，妄想使自己不平衡的心理能得到某种补偿，这种人可悲而又可恨。

从容处变，剀切规友

处父兄骨肉之变，宜从容，不宜激烈；遇朋友交游之失，宜剀切，不宜优游。

注释

剀切：直接了当。
优游：模棱两可。

译文

面对父兄或骨肉至亲之间发生意料不到的变故，应该保持镇定沉着，绝不可感情用事采取激烈的态度；在与朋友的交往过程中，遇到朋友有过失，应该态度诚恳地规劝，不宜得过且过地让他错下去。

智慧解读

父母兄弟乃是骨肉血缘之亲，当亲人们有了大病或是遇到意外的变故，自己当然感觉有切身之痛，但在这时候应当注意的是态度要从容，心情要冷静，考虑处理的方法，绝不可感情激烈冲动，或是悲哀伤病得过度了。如果任着感情用事，不能抑制自己，反而于事有损。

其次是对于交往朋友，看见他有过失就要恳切的忠告，务必使他不致重蹈错误的覆辙，这才是有信誉的益友。反之，平时和朋友在一起喧哗漫游，不但见着朋友有错误不加以劝告改正，反而帮着朋友一同作恶，那就有失交友之道了。

大处着眼，小处着手

小处不渗漏，暗处不欺隐，末路不怠慢，才是个真正英雄。

注释

怠荒：懒惰、颓丧、不上进。

译文

做人处事即使在细微的地方，也不可粗心大意、疏忽遗漏；在无人所见的地方也要心地正直不做见不得人的事情，在遇到潦倒窘迫的境地时也不丧失进取之心，这样才能算是个真正的英雄好汉。

智慧解读

真正的英雄有三点必须做到：第一，对于小事也不要置之度外，应当面面周到用心处理。第二，在人所不见之处，不要认为人家不知道便去做坏事，暗室欺人等于自杀。第三，在失意的时候不可自暴自弃。寻找逸乐的刺激，这只有害了自己。

以上三点是英雄豪杰最容易犯错误的地方。英雄豪杰多顾大节而不注意细行，但是古语说：千丈之堤，坏于一蚁之穴。小事不加注意，往往是招致失败的根源；因此在小的地方必须注意到。所谓"防微杜渐"，就是这个意思。

其次，英雄的行为是光明正大的，绝不在人所不见之处有隐讳。虚伪欺骗、自欺欺人的行为，是亡身的根本。还有一种人在事物开始的时候，是颇为尽力的做，等到功成名就的时候，他就开始荒淫逸乐怠惰起来，这样的人我们可以断定他的末路是悲惨的，不能算是真正的英雄。

真正的大英雄必须小处能注意，暗处不欺瞒，在成功之路不怠荒。能具备这三个条件，才称得上是真正的英雄。

爱重为仇，薄极成喜

千金难结一时之欢，一饭竟致终身之感。盖爱重反为仇，薄极翻成喜也。

注释

感：感激。

译文

用千金来馈赠他人，有时也难以打动人心换得一时之欢喜，相反有时候一顿饭的恩惠却能使人终身感激。这是因为有时过分的关爱反而变成仇恨，而一点小小的恩惠反而容易讨人欢心。

智慧解读

有的人赠给人家千万两黄金，但是所与和所赠不合时宜，或者别有居心而施舍，结果都不能得到对方的欢心。话又说回来，有时虽然仅施了一饭之恩，但受惠的人认为这是帮了他一个大忙。这时，就容易使自己的施与既有价值，有可以得到对方的感激。

所以，如果是在时机适当的时候对人有所施与，一定会使对方非常感激和喜悦。

藏巧于拙，以屈为伸

藏巧于拙，用晦而明，寓清于浊，以屈为伸，真涉世之一壶，藏身之三窟也。

注释

三窟：比喻安身救命之处很多。《战国策·齐策》："狡兔有三窟，仅得免其死耳。今君有一窟，未得高枕而卧也，请为君复凿二窟。"

译文

人再聪明也不宜锋芒毕露，不妨装得笨拙一点；即使非常清楚明白也不宜过于表现，宁可用谦虚来收敛自己；志节很高也不要孤芳自赏，宁可随和一点也不要自命清高；在有能力时也不宜过于激进，宁可以退为进，也不要过于冒进，这才是立身处世的救命法宝。明智的人要像狡兔一样有多个掩藏之处。

智慧解读

说一个人不要锋芒太露，不是教人伪装自己，而是办事要分清主次，讲究方法。常言道："大智若愚，"是说一个人平时不咄咄逼人，到紧要关头自然会发生功效，这就是"中流失船，一壶千金"的含义吧。一个人一生要做的事很多，不可能件件都要劳心伤神，只有碌碌无为的人才会整天为琐事缠身，在世俗面前夸耀自己的才华。一个人要想拥有足以藏身的三窟以求平安，第一要藏巧于拙锋芒不露，第二还要有韬光养晦不使人知道自己才华的修养功夫。而且办什么事都应当留有余地才是。最关键的是在污浊的环境中保持自身的纯洁。不露锋芒，韬光养晦并不影响洁身自好，相反，洁身自好是前二者的基础。

盛极必衰，居安思危

衰飒的景象，就在盛满中；发生的机缄，即在零落内。故君子居安宜操一心以虑患，处变当坚百忍以图成。

注释

衰飒：凋落、枯萎。

发生：生长。

百忍：比喻极大的忍耐力。

译文

凡是衰败萧瑟的景象往往很早就在繁华的盛况之中隐藏着；凡是草木的蓬勃生机也早就孕育在换季的凋零时刻。所以一个聪明的人，当自己处在顺境中平安无事时，要有防患于未然的考虑；而当自己处在动乱和灾祸中时，也要用坚忍不拔的意志来争取事业最后的成功。

智慧解读

《易经》主张"日中则昃，月盈则亏"的道理。也就是说，天地间的事物都是盛极必衰，在旺盛圆满的景象当中就预示着衰败凋谢的征兆。所谓："人无千日好，花无百日红。"当着花开满园、芬芳香艳之际，就已经预示着落花满地、萧飒寂寞的景况快到了。人在富贵荣耀到高峰的时候，就已经潜藏着衰败势微的趋向在内了。

《易经》里面"否极泰来"的道理，就是讲发生的机运，常是潜存在零落衰微之极里面。花草为霜雪的蹂躏而叶落枝枯，但等春天一到，又开始发芽生叶欣欣向荣了。人当贫困潦倒不堪，内中就要有时来运转的气象孕育发展。《易经》说"贞下起元，时穷则变"，也是这个道理。因此，君子应居安思危，在安乐的时候绝不可放逸怠惰。应当时时存心戒惕，以防灾祸的发生。更要有处变不惊的勇气与临大节遇大难而不屈的精神，艰苦忍耐以图奋斗的成功。

奇人之识，独行无恒

惊奇喜异者，无远大之识；苦节独行者，非恒久之操。

注释

恒：永久的。

译文

喜欢标新立异、行为怪诞不经的人，必然不会有高深的学问和卓越的见识；一个人刻苦潜修名节、特立独行，也必然没有长久不变的操守。

智慧解读

世间最可贵和最可尊重的并非奇妙的事，而是平凡的生活、正当的事业。所以，君子应当注意平素的言行，不要受奇奇怪怪的事情动摇心念。如果动摇了心念，绝不会有高深的识见，只不过是平凡庸碌的小人。世间有许多人都是为了求珍奇而乱其行，寻怪异而损害到自己。在非常困难的环境而能守住节义，与愤世嫉俗、独立独行的人当然有差别。但是，这种行为常常改变，并非是永久恒定的操行。这是身处非常时应有的觉悟，不是在平常时可以培养出来的。

放下屠刀，立地成佛

当怒火欲火正腾沸处，明明知得，又明明犯著。知的是谁？犯的又是谁？此处能猛然转念，邪魔便为真君矣。

注释

真君：主宰万物的上帝。《庄子·齐物论》："百骸九窍六藏，赅而存焉，其递相为群臣乎？其有真君在焉。"成玄英疏："真君即真宰也。"

译文

当一个人怒火燃烧或欲火上升的时候，往往不能克制自己，明知不对，但又偏偏去违犯。知道这个道理的是谁？明知故犯的又是谁？若这时能够冷静下来，弄清问题的症结所在，在这紧要关头猛然觉悟，转变念头，那么再邪恶的魔鬼也会变成慈祥的圣人了。

智慧解读

忿怒之心如猛烈的火焰，邪欲之念如滚烫的沸水，这时候就得要有抵制怒气和欲念的决心。明白的觉悟反省，到底这怒气和欲念是怎样发生的？进一步还要知道，用什么方法才能够抵制这忿怒和欲念。

于是怒气平息，觉悟到制服这怒气欲心的东西并非他物，而是自己的心。心之为物能够发生怒气欲念，也可以觉悟错误，并可以抑制错误。同样是一个心，多数人不知道反省，为了这怒气欲念而身败名裂贻羞万世。

如果能在此时回头猛醒，反省一下，不但可以保身全家，这怒气欲念诸种邪魔一变而为自己的护法者，成了心的有力之本体，走向光明的道路。

古歌说："锄地须锄草，烦恼即菩提。"如果能够拔除心中的怒气和欲念，则心的修养反而可以利用那些怒气欲念作为锻炼锄草的工夫。

毋形人短，毋忌人能

毋偏信而为奸所欺，毋自任而为气所使；毋以己之长而形人之短，毋因己之拙而忌人之能。

注释

自任：自负。

形：对比。

译文

一个人不要误信他人的片面之辞，而被那些奸诈的小人所欺骗，也不要自以为绝对正确而被一时的意气所驱使；不要仰仗自己的长处来比较人家的短处，不要因自己的笨拙而嫉妒别人的才能。

智慧解读

不考虑一件事物的真假虚实，只轻信一方的话而行动，就容易被人所骗，做出愚蠢的行为。所以，人不可以偏信一面之词。还有，不忖度自己的力量，认为什么事情都能够胜任的人，把国家的大事草率地集于自身的浮气上来任意处理，结果不但身败名裂，国家大事也就败在他的手中了。有些为了使人认为他的能力比别人强，因而嫉妒别人的能力，这种人的人格当然是非常下流卑鄙。假如自己的能力不如人，就应当努力奋发，使自己的能力强于他人，而能受到世人的尊重。如果只为了抬高自己而贬低他人，其结果必定招来人家的反对，这是不可不加以审慎考虑的。

己所不欲，勿施于人

人之短处，要曲为弥缝，如暴而扬之，是以短攻短；人有顽固，要善为化诲，如忿而疾之，是以顽济顽。

注释

曲：婉转、含蓄。

弥缝：弥补、掩饰。

暴：暴露、揭发。

译文

当我们发现了别人的缺点时，要很委婉地为人家掩饰，如果故意暴露宣扬，是在证明自己的无知和缺德，是用自己的短处来攻击别人的短处；对于别人的执拗，要善于诱导教诲劝解，如果因为他的固执己见而怨愤或讨厌他，不仅不能使他改变固执，同时还等于用自己的固执来强化别人的固执。

智慧解读

说人家的坏话，自己以为自己是世间的善者，这种人大错特错。大凡人类都不喜欢别人说他的坏话。如果有了这样的人，我们绝不应把他以善人来看待，因为对甲谈乙的坏话，同样的，对乙也可以说甲的坏话。世人如果明白这个道理，对于说人家坏话的人要把他当成坏人看待，并且需要对他提高警觉。世人如不明白这种道理，只为了抬高自己的身价而怒及他人，讲他人的坏话。这种人就无可救药了。人家如果向我询问别人的短处，我就应当留意避免暴露人家的短处。凡是说他人短处的人，我们也应当把这个人看成是一个有短处的人。要知道说人家的短处，正是表示自己有短处，是以己的短处去攻击人家的短处。孟子所说的"以五十步笑百步"，和这是一样的道理。

其次，对于性情顽固的人要善加劝导使他改过，不可对他加以憎恨与厌恶。否则自己也是性情顽固的人，以顽固去助长顽固，就更加顽固了，结果是一败涂地。

阴者勿交，傲者勿言

遇沉沉不语之士，且莫输心；见悻悻自好之人，应须防口。

注释

输心：推心置腹。

悻悻：很有怒气的样子。《孟子·公孙丑》"悻悻然见于其面。"

译文

遇到表情阴沉不说话的人，暂时不要急着和他坦诚相交，推心置腹；遇到高傲自大自以为是的人，要谨慎自己的言行。

智慧解读

人的表情往往是内心世界的反映，每个人有每个人的习惯、个性，表现出来的方式也不一样。一个人生存在社会上，必须处处多加提防，当然不要察言观色，阿谀奉承，但应把各种表情习惯分分类，以在接人待物时有把合适的尺子。不然一但遇到心地险恶的歹徒，就会深受其害，所以观察人是非常重要的。一般来说，一个年纪比较大的人。见多识广，饱经风霜，对于观人之行会有几分心得。由于人际的复杂，人在处世时，学学观人本领是很必要的。俗话说"逢人只说三分话，莫要全抛一片心"。不经过一段时间的观察，是看不出一个人品性好坏的，也就很难决定交往的程度，说话的深浅。没有心理评判，只凭观察表示是不够的。

调节情绪，一张一弛

念头昏散处，要知提醒；念头吃紧时，要知放下。不然恐去昏昏之病，又来憧憧之扰矣。

注释

昏散：迷惑。

憧憧：来往不绝的样子。《易·咸》："憧憧往来，朋从尔思。"

译文

当头脑昏沉、无精打采时，要把精神提振起来，保持头脑的清醒敏锐；当工作繁忙压力大、心理紧张时，可以暂时将工作放下，使自己轻松一下。如果不这样注意调节自己的精神和情绪，就很容易刚克服了头脑昏沉的毛病，却又惹来了精神紧张的困扰。

智慧解读

坐禅是不可打瞌睡的，既然打了瞌睡，那就是打瞌睡，不是坐禅。坐禅是不可以思考问题的，因为思考问题就是想什么，不是坐禅，所以要"念起即觉"，有了念头就觉悟到，并消解掉。如果你起了妄念，打了瞌睡，用心有所放松，你该马上取"无"的公案再行坐禅参悟，这样就可以消除一个结，没有妄想，没有烦恼。古人说，"不怕念起，只虑觉迟。"信然！

《列子·周穆王》中有一段形象的比喻，生动地说明：辛苦固然可叹，但如果整天机械地忙个不停，头脑不清醒，就会适得其反，谈不上事业了。

周朝有个姓尹的人，把精力用在增加家产上，他下面的奴仆从天不亮到天黑劳累得没有片刻休息。有个老奴精力已经消磨得没有了，却不停地被使唤，白天唉声叹气地工作，黑夜疲惫劳顿地熟睡。他精神散漫，每天夜晚梦见自己做了一国君王，在千百万百姓之上，把持一国政治。宫殿园林、离宫别墅，要什么，有什么，快活得无以复加。醒来又辛苦劳动。别人有安慰他过于勤苦的，他说："人生不过一百年，白天黑夜各占差不多一半，我白天做奴仆苦是苦了，晚间做国君，快乐得谁都比不上，还埋怨什么呢？"姓尹的一心经营世上俗事，思虑集中于家产，心也劳累，身也疲乏，夜晚也因精力消乏而沉睡。每天夜晚都梦见自己做奴仆，奔走跟随，伺候照顾，什么都干，挨打挨骂，被吓唬被讥笑，都得忍受。睡眠中痛苦的哀叹呻吟，一直到天亮。姓尹的以此为苦，便以此访问朋友。朋友说："你地位够高了，自己也够荣华了，钱财多得太多了，强于别人太远了。晚上梦做奴仆，乐极一定回到苦，那苦人便会回到乐，一苦一乐，这才公平，这是自然。你想醒时快乐，做梦也快乐，哪里能得到这种好事？"姓尹的听了朋友的话，减轻了对老奴的劳役，减少了自己的思虑，两个人的梦境都觉得轻松了些。

智慧识魔，意志斩妖

胜私制欲之功，有曰：识不早，力不易者；有曰：识得破，忍不过者。盖识是一颗照魔的明珠，力是一把斩魔的慧剑，两不可少也。

注释

慧剑：佛家语，用智慧比喻利剑。

译文

对于战胜自己的私心和克制自己欲念的功夫，有的人说由于没有认识到私心欲念的害处、也没有坚强的意志力去战胜和克服它；有的人则说明明知道私心欲念的害处，却又忍受不了它的诱惑。所以一个人的智慧是认识邪魔的法宝，坚强的意志力则是一把能斩除邪魔的利剑，要想战胜克制自己的私心欲念，智慧和意志力两者缺一不可。

智慧解读

每个人都知道自私自利是一种不好的行为，可是每个人都很难做到控制私心私欲，甚至还有一句"人不为己天诛地灭"的谚语为自私自利的人作辩解。人们之所以难以控制私心杂念，除意志、理性等修为外，还在于所受教育，社会环境等因素。

在私欲问题上东西方文化有本质的差异，东方文化是比较强调集体主义克制私欲的，过于自私的人要受到社会的谴责。一个社会都那么自私而冷漠是不可想像的。在人与人的交往中，只有你献出一份爱去关心别人，别人同样来关心你，社会才会和谐，才有温暖。一个太自私或物欲太强的人，多半都会遭受别人的排斥。那么，一个想在事业上有所成就的人战胜不了自己的私欲，也团结不了人，何谈事业的成功？所以自私会成为自己前途事业的一大障碍，可能到最后由于自私自利还会自毁前程。所以，归根结底，消除私欲先要加强修养来战胜自己。

宽而容人，不动声色

觉人之诈，不形于言；受人之侮，不动于色。此中有无穷意味，亦有无穷受用。

注释

觉：发觉、察觉。

诈：欺骗。

形：表形、表露。萧统《文选序》："情动于中而形于言"（中：心中）。

译文

发觉别人在欺诈自己时，并不以言语表现自己的不满；受到别人的欺侮，也不在表情上显现出愤怒的情绪。这种处世方法中有无穷的意蕴，也含有一生受用不尽的奥妙。

智慧解读

生活中，我们只是我们自己，不能直接知道别人在想、在做着什么，对于别人的话通过判断间接肯定真伪，这里不是电视剧般能看到整个剧集里所有人物的一言一行，我们都以第一人称的状态过着每分每秒。由此来讲，生活中必然充斥着谎言与欺骗，就算是善意的谎言也不代表做着正确的事情。大多时候我们并不能揭穿谎言，甚至连察觉正在被欺骗都不可能。当"觉人之诈"时，震惊之情自然涌现，不屑与不耻交织。理解是必须具有的品质，因为我们自己说过谎、欺骗过人，那么不能苛责其他人对己的不诚实。一般的小蒙小骗不放心上很容易做到，关键是重要时刻发现被欺骗，同时又如何能够不借由言语发泄才是大智慧。不仅仅是不说，而是不记。个人对于不说有绝对的把握可以做到，只有真正的忘却才能够在未来的日子里永远不提起，这样才是最难也是最重要的部分。

困穷如炉，锻炼英雄

横逆困穷，是锻炼豪杰的一副炉锤。能受其锻炼，则身心交益；不受其锻炼，则身心交损。

注释

横逆：指意想不到的灾祸。

炉锤：比喻锻练人心性的东西。

译文

灾祸和穷困的境地就是锻炼英雄豪杰心性的熔炉。只要能够经受这种锻炼，那么身心才会有质的飞跃；相反，承受不了这种锻炼，那么对身心来说会是一种损害。

智慧解读

孟子有段名言："天将降大任于斯人也，必先苦其心志，劳其筋骨，恶其体肤，空乏其身，行佛乱其所为，所以动心忍性，增益其所不能。"一个人处世没有经过一番忧患并不是好事。尤其是青年人刚刚进入社会，对未来充满美好的憧憬，雄心万丈，壮志凌云，可人生的路往往是多起多伏的，不如意事十有八九。是靠自己的意志克服困难，还是像以前那样去寻找父母的庇护，或者一蹶不振？真可谓是人生的三岔口。如果不经过一番艰苦磨炼，将来不但很难给自己创造光明前途，也很难为国家社会肩负起艰巨任务。所谓"忧危启圣智，厄穷见人杰"，温室的花是经不起风雨的。不论是惊天动地的大事业，还是谋生求艺的小手艺，固然是条条大道通罗马，但每条路都是坎坎坷坷不平的，都是要在刻苦的磨炼中战胜外来的艰难险阻，克服内心的消沉意志才可能成功。一个能在横逆中挺起胸膛的人才算英雄好汉，一个在困苦中倒下去的人就是凡夫俗子。身心的锻炼是要有不屈的追求，坚强的意志为前提的。

好钢不怕磨砺，越磨越利，若是废铁木头那就另当别论了。苦难，可磨砺人的思维和智慧。所以，成佛也只能是在人道，而非在福报很大的天道。其实，做人最大的好处和意义也是在于此。众多的名言如："不受一番寒刺骨，怎得梅花扑鼻香。"也说明这个道理。

天地父母，万物敦睦

吾身一小天地也，使喜怒不愆，好恶有则，便是燮理的功夫；天地一大父母也，使民无怨咨，物无氛疹，亦是敦睦的气象。

注释

愆：过失、错误。《尚书·伊训》："惟兹三风十愆，卿士有一于身，家必丧。"

燮理：调和、谐和。

怨咨：怨恨。

氛：恶气。《左传·襄公二十七年》："楚氛甚恶。"

译文

人们的身体就是一个小天地，如果能使自己喜怒不逾越规矩，使自己的好恶遵守一定的规则，这就是做人的一种调理谐和的功夫；天地就像是万物的父母，如果能让百姓没有怨恨和叹息，万事万物没有了灾害，大自然便能够呈现一片祥和太平的景象。

智慧解读

古人讲究天人感应，我们可以理解为一种类比，即天地有春夏秋冬四季的运行，以及风雨阴阳的调和而使万物生育。人自有喜怒哀乐的情绪，由于好坏善恶的运用构成人格气质。假如天地经常狂风暴雨或者暴日久旱，就不会孕育出好的生命。同理，一个人假如整天狂喜暴怒，就不能培养出完美的人格和良好的气质。所以我们由大自然的变化完全可以反思人自身。但是天地变化有时还处于不可知状态，而人的气质性格却决定于人的修养和所处的社会环境。

戒疏于虑，警伤于察

害人之心不可有，防人之心不可无，此戒疏于虑也；宁受人之欺，勿逆人之诈，此警惕于察也。二语并存，精明而浑厚矣。

注释

逆：预先。诸葛亮《后出师表》："凡事如是，难可逆见。"

译文

"害人之心不可有，防人之心不可无"，这是用来告诫那些思虑不周警惕性不高的人；宁可受到别人的欺骗，也不揣摩别人的机诈之心，这是用来劝诫那些警惕性过高想得太细的人。与人交往能做到这两点，便能够思虑精明且心地浑厚了。

评语

古人总结人生体验有很多耐人寻味的话。如"害人之心不可有，防人之心不可无"作为这句话出处的《曾广贤文》堪称大全了。作者在这里提出了很多与世俗常语不同看法。人之所以不能有害人之心，是害人人家也会害你，"以其人之道，还治其人之身"；还有一种人由于心地非常坦荡，总觉得自己所言所行没有什么不可告人的，于是，不分轻重，不看对象，结果为此反而授人以把柄，这种人就犯了太相信人的不足。但防人是有前提的，对坏人，小人、俗人，是非防不可。如果人人防，事事防，人便成为"套中人"了。同样忍让也是有前提的忍让，小事忍，自己利益忍，决非事事处处忍。防之太甚不好，没有人生经验同样不适于社会。

明辨是非，大局为重

毋因群疑而阻独见，毋任己意而废人言，毋私小惠而伤大体，毋借公论以快私情。

注释

快：称心如意、高兴、痛快。熟语有"大快人心"。

译文

不能因为大多数人的猜疑而影响自己独到的见解，不要固执己见而不听从别人的忠实良言，不要因为贪恋小的私欲而伤害了大多数人的利益，不要借公众的舆论来满足自己的私欲。

智慧解读

事物总是相对的，什么事一但过度便变质。人固然要有从善如流的习惯，但决不是人云亦云。所谓"千人盲目一人明，众人皆醉我独醒"，有时真理还在少数人手中，该坚持的原则决不可动摇。不过有时自己的见解也未必高明，那时就要本着谦逊的态度多听听人家的话。一个人的能力表现在能明辨是非，认识大体，在众多议论中保持清醒，而个人的真知灼见又是建立在集体的智慧之上。从现实而言，不可能有绝对的民主，也不可能什么事都按自己的意志办，必须经过公议，也必须有最后的决策者。但决策人要善于公正地吸取方方面面的意见，不存私心地采纳意见，这样最后的决策才可能正确，有见地。

亲善杜谗，除恶防祸

善人未能急亲，不宜预扬，恐来谗谮之奸；恶人未能轻去，不宜先发，恐遭媒孽之祸。

注释

急：急切。

谮：说坏话诬陷别人。《荀子·致士》："残贼加累之谮，君子不用。"

媒孽：借故陷害人而酿成其罪。

译文

好人不能急着和他亲近，也不应当事先就去赞扬他的美德，为的是防止遭受奸邪小人的诽谤和中伤；要想摆脱坏人，不要事先揭发他的恶行，以免受到报复和陷害。

智慧解读

君子之交是道义之交，君之交淡如水，靠爱好、情趣、学识为纽带来建立感情这个过程，是个渐进的相互观察了解的过程。和善交人，与君子游是人所愿也。但道不同不相为谋，小人与善人，奸滑之辈与君子从各个方面都格格不入。显出想与君子善人急于交往而过分亲密，小人很可能因为被冷落而忌恨生出破坏的念头。

与君子交，做君子难，远小人不易。人们讨厌小人，但小人由于擅长逢迎，往往可以得到有权势者的赏识而很有市场；如果当权者是奸邪之辈，得罪了就更加困难，想送瘟神非得等待时机。如果你是个企业家，手下有小人之辈要解雇，同样要周详考虑其生存的市场，要一举中的才不会有后遗症。不论是亲贤亲善远小远奸，还是与君子亲近，首先是自己须光明磊落大公无私，这样才不惧奸诈小人的恶意报复。这是交友做事的基础。

培养节操，磨炼本领

青天白日的节义，自暗室屋漏中培来；旋乾转坤的经纶，自临深履薄处操出。

注释

节义：指人格。

经纶：纺织丝绸，这里指经邦治国的政治韬略。

临深履薄：面临深渊脚踏薄冰，比喻做事非常谨慎小心。

译文

大凡一种青天白日那样光明磊落的节操义举，都是在艰苦和默默无闻的环境中培养出来的；大凡一种可以扭转乾坤担当重任的本领，都是从谨慎严密的处事险境中磨炼出来的。

智慧解读

俗话说"滴水穿石"，英雄大业不是一蹴而就的，不经一番寒彻骨，哪得梅花扑鼻香。成大功立大业，都得经过与艰苦恶劣环境的奋斗。一个有远大志向的人仅仅接受磨难是不够的，因为受磨难和受得了磨难的人很多，却不是每个人都可以成为英雄。他们的事业绝对不是在粗心大意中完成的，都是抱着"如临深渊，如履薄冰"那样的战战兢兢的谨慎态度，一点一滴累积起来的。因此胸怀上博大宽厚，光明磊落；细节上点滴积累，大事上眼光长远；加上坚强的意志，完善的人格，就可以为自己事业的成功奠定下厚实的基石。

父慈子孝，伦常天性

父慈子孝，兄友弟恭，纵做到极处，俱是合当如此，着不得一丝感激的念头。如施者任德，受者怀恩，便是路人，便成市道矣。

注释

合当：应该。

市道：交易市场。

译文

父母对子女的慈爱，子女们对父母的孝顺，兄长对弟妹们友爱，弟妹们对兄长敬重，即使是用了全部爱心做到了最完美的境界，也都是理所当然，彼此间不须存有一丝感激的念头。如果施恩的人自以为是恩人，接受的人抱着感恩图报的想法，那么就是将至亲骨肉之间的关系当作了陌路人来看待，真诚的骨肉之情就会变成一种市井交易了。

智慧解读

中国文化极端重视"家"。有家就有亲情、友情、爱情。在亲情、友情和爱情三种情感之间，人们可能最容易忽视亲情，因为友情和爱情需要小心谨慎呵护，需要缝缝补补才能维持下去，然而，亲情就在身边，我们理所当然地认为它不会走远。从出生的那一天起，亲情就与生俱来。

"百善孝为先"称孝道为性善之首；"父母在，不远游"，告诫人们时时不忘回报父母的哺育之恩；对兄弟姐妹之间的亲情，中国人自古主张兄友弟敬，情同手足。孔子教导他的学生们说，"弟子，入则孝，出则悌，谨而信，泛爱众，而亲仁，行有余力，则以学文"（《学而篇第一》）。由此看出，孔子是非常强调悌的，把悌与孝并列。《论语》中讲，"孝悌也者，其为人之本与!"至于姊妹之间的关系，同样如此。

兄弟姐妹关系是由血缘关系为纽带联系起来的亲密关系。他们同吃一锅饭，同在一个家里长大，一起生活、学习和游戏，建立了深厚的感情。彼此之间朝夕相处，你帮我扶，相互照应，相互了解，相互信任。在危难之时，大家有难同当，有福同享，同舟共济，风雨同度。这就是亲情，这就是人生的快乐。

汉代使者张骞，曾经两次出使西域，在他第一次出使西域离乡背井的13年中，时间和距离并没有成为他动摇信念的理由，相反对故国故土和亲人的思念使他完成使命的意志更加坚强。

想象一下，人生没有亲情是多么孤单、无助;兄弟姐妹之间没有亲情又会是多么尴尬!

亲情是维系兄弟姐妹关系的基础，有亲情就有牵挂，亲情会让你充满快乐。

地荒天老，亲情不老。淡与浓，亲与疏，快乐与否，只在于亲人心与心的距离。

如果对"父慈子孝，兄友弟恭"抱有功利性的想法，重要的不是亲情，而只是希望能够得到对方的回报，那么就是将至亲骨肉之间的关系当作了陌路人来看待，真诚的骨肉之情就会变成一种市井交易了。这种处境，将会多么的可悲啊!

不夸妍洁，谁能丑污

有妍必有丑为之对，我不夸妍，谁能丑我? 有洁必有污为之仇，我不好洁，谁能污我？

注释

妍：美、美丽。刘知几《史通·惑经》："明镜之照物也，妍媸必露。"

丑：作动词。

译文

天地之间的事物，有美丽必然就有丑陋作为对比，只要自己不自夸自大宣扬自己美丽，那谁又能指责我丑陋呢？有洁净的地方必然就有脏污作为对比，只要自己不宣扬自己如何洁净，那谁又能讥讽我脏污呢？

智慧解读

事物是相对的。从发展变化的观点看，相对的事物在一定条件下可以发生变化。美与丑，洁与污以及善恶、邪正、阴阳、长短等等是相互转化并相互制约的。有善就有恶，有美就有丑。假如没有恶与丑，那么善与美亦不会存在，因为美、丑、善、恶是比较衬托才看出来的。明白这样一种现象的内在变化条件，人对一些事物的看法就要用超然的态度。把事物看成一个相联系的整体而不要只关注那一点，对任何事情采取一种极端看法做法都是有害的。同时，如果在精神上能超越美丑洁污之上，对此无所偏好，人们也就难于有所毁誉。人固然会有许多癖好，一个有修养的人必须自省其所好的道德水准，看看和志向一致与否。

富多炎凉，亲多妒忌

炎凉之态，富贵更甚于贫贱；妒忌之心，骨肉尤狠于外人。此处若不当以冷肠，御以平气，鲜不日坐烦恼障中矣。

注释

冷肠：相对于热肠而言。

译文

人情的冷暖、世态的炎凉，富贵之家比贫苦人家更显得明显；嫉妒、猜疑的心理，在至亲骨肉之间比外人表现得更为厉害。在这种情况下，如果不能用冷静的态度来解决，以平和的心态控制自己，那就会天天处在烦恼的困境中了。

智慧解读

人在没有得到一种东西以前便会以这种东西作为奋斗目标，而有了这种东西便有了利益之争。"共患难易，共富贵难"，富贵之家往往为了争权夺利而父子交兵或兄弟阋墙。汉武帝、武则天、唐太宗等等无不为了权力而曾骨肉相残。《二十四史》中这样的事例随处可见。残暴的杨广，已经被册立为太子，可是为了早日当皇帝竟谋杀亲父隋文帝而即位。人往往是有了钱还要更多些，有了权还要更大些；以至生活中终日钻营、处处投机的小人，像苍蝇一样四处飞舞，个人的私欲总处于成比例的膨胀状态。如此现实，的确需要人们提高修养水平，用理智来战胜私欲物欲。否则亲情何在？富贵也终将不保。

功过要清，恩仇勿明

功过不容少混，混则人怀惰隳之心；恩仇不可太明，明则人起携贰之志。

注释

惰隳：疏懒堕落，灰心丧气。

携贰之志：携贰，指有疑心，不相亲附。《左传·文公七年》："亲之以德，皆股肱也，谁敢携贰。"

译文

对部下的功绩和过失一点都不容混淆，如果混淆了，人们就会变得懒怠而没有上进之心；对恩惠和仇恨不能表现得过于明显，太明显了人们就容易生怀疑背叛之心。

智慧解读

一个人，尤其是领导别人的人，在待人方法上有两条原则，即对人要功过清楚，赏罚分明；对己则恩仇勿显，免去猜疑。从领导者来讲，固然需要"恩威并用"，同时必须恩赏过罚。赏罚是使人努力的诱因，一个丧失工作诱因的人，他的工作情绪必然不会高昂。假如是一两个人这样还不要紧，万一群体也如此，这个集体乃至社会必然要陷于不进步的停顿状态。所以赏罚又是促进整个社会进步的一大动力。历朝皇帝打天下，哪一个不是以论功行赏作为调动文臣武将积极性的手段呢？就现实生活中的人来讲，不论是做官还是一般人的交际，还需要克己，需要讲究方式方法。恩怨分明本是做人的原则，但在这里需要忍耐。其目的就是分清功过而勿显己之恩仇，以便使大家能为一种共同的事业团结一致。

位盛危至，德高谤兴

爵位不宜太盛，太盛则危；能事不宜尽结，尽毕则衰；行谊不宜过高，过高则谤兴而毁来。

注释

爵位：指官位，君主国家所封的等级。

行谊：合乎道义的品行。

谤：毁谤。《史记·屈原传》："信而见疑，忠而被谤。"（信而见疑：诚实却被人怀疑。）

译文

官不可做得太大，太大了就会使自己陷于危险境地；才能和本事不能全部用尽，用尽之后就会走向衰落；言行论调不可太高，太高就容易招来毁谤和中伤。

智慧解读

任何事都有个度，所谓"官大担险，树大招风"，"否极泰来"，

"物极必反"，都说明了这个道理。一个人的爵禄官位到了一定程度就必须急流勇退，古代开国功臣大多被杀的一个很重要的原因在于不能急流勇退。可惜很多人不懂这个道理。最曲型的例子是汉初三杰，帮刘邦打下天下后，结局都不相同，因此司马光才很感慨地说："萧何系狱，韩信诛夷，子房托于神仙。"其实，何止在做官上应知进退，其他事同样应知进退深浅。人和人只要在一起就会产生矛盾，因利益之急，因嫉妒之心，因地位之悬，因才能之较都可能结仇生怨。故做人处事最重要的就是要把握好尺度。

阴恶祸深，阳善功小

恶忌阴，善忌阳。故恶之显者祸浅，而隐者祸深；善之显者功小，而隐者功大。

注释

阴阳：古人哲学概念。古代思想家把万事万物概括为"阴""阳"两个对立的范畴，如天、火、暑是阳，地、水、寒是阴。这里"阴"指不容易被人发现的地方；"阳"指大家都能看得到的地方。

译文

做坏事最忌讳是隐藏不让人知道，做好事最忌讳到处宣扬。所以显而易见的坏事所造成的灾祸较小，不为人知的坏事所造成的灾祸较大；做了善事要让别人知道的所积的功德小；在暗中默默行善不被别人知道的所积的功德才大。

智慧解读

人不能做坏事，做坏事而损人利己，会让人憎恶，有的事不论对他人或自己都会造成极大灾祸。一般来讲，做在明处的坏事人们看得见或许还可以预防弥补；做在暗处的坏事更讨厌，让人防不胜防，这种阴坏的危害更大。一个人从哪个方面讲都不应做坏事，而是应该抱着为善不求名的态度。行一点善而做好事不是为了宣扬吹捧，至于别人宣扬是为了推广这种精神；自己宣扬则失去了做好事的目的。这种好事客观上是有益的，在主观上过分宣扬则表明是动机不纯；从做人角度看，等于伤害了受惠者自尊心，反而表现出一种沽名钓誉的卑鄙心理。帮助别人应是全身心投入，默默地奉献。

以德御才，恃才败德

德者才之主，才者德之奴。有才无德，如家无主而奴用事矣，几何不魍魉猖狂。

注释

魍魉：迷信传说中的一种怪物。杜甫《崔少府高斋三十韵》："魍魉森惨戚。"又写作"罔两""蝄蜽"。

猖狂：狂妄而放肆。

译文

品德是一个人才能的主人，而才能只是一个人品德的奴婢。如果一个人只有才干学识却缺乏品德修养，就好像一个家庭没有主人而由奴婢当家，这又哪能不胡作非为、狂妄嚣张的呢？

智慧解读

品德需要意志长久磨炼，需要静心思考体味，需要在生活中慢慢养成。品德若磨炼而来，在最关键的时候才可以表现出品德的高低。于是生活中人们不重视品德的事很多，人们更重视的是眼前的利益。其实人不仅要培养自己的才智，更要修养自己的品德，两者都极重要，缺一不可。商品社会中人们的道德水准似乎在下降，但社会对个人的品德要求却越来越高。如诚信、意志、忠恕等等。一个人恃才傲物，就是没有品德修养的明证。有的人喜欢猜忌，有的人喜欢窥探别人的隐私，有的人喜欢两面三刀等等，这样的人再有才能谁又敢放心的使用呢。有才无德的人作的恶通常会更大，对人类和社会所造成的危害会更甚。

穷寇勿追，投鼠忌器

锄奸杜倖，要放他一条去路。若使之一无所容，譬如塞鼠穴者，一切去路都塞尽，则一切好物俱咬破矣。

注释

投鼠忌器：想打老鼠又怕把东西打坏，比喻做事有所顾忌。

杜：杜绝、阻止。李斯《谏逐客书》："强公室，杜私门。"（公室：指王室。）

倖：用手段谋求更高职位的人。

译文

要想铲除杜绝那些邪恶奸诈之人，就要给他们一条改过自新、重新做人的路径。如果使他们走投无路、无立锥之地的话，就好像堵塞老鼠洞一样，一切进出的道路都堵死了，一切好的东西也都被咬坏了。

智慧解读

"穷寇勿追"，是为了防止困兽之斗，垂死挣扎，或者是为投鼠忌器，担心适得其反吧。这不是说落水狗不能打，坏人因其垂死或势败而可原其所恶。在具体的事上存在着具体的解决方法，对坏人和坏事都应当加以区别。

生活中，好事和坏事、好人和坏人有时是相互转化、相互制约的。因为天地间的万事万物都在一物降一物的法则下生存。例如毒蛇有害，可对人类对植物也有贡献。万物互相制衡互相依存，人固然吃肉，可是肉食牛羊也是依赖人类生存。善恶不论在任何情况下都是相对的，恶尽，善也就不能成立了。"恶"要看到什么程度，是否非得采用根绝方式。所以除恶的方式有很多，有快刀斩乱麻，有钝刀割肉，有只剔去恶处；既可以用非常外力加以根治，也可以到一定程度听其自灭，还可以放一条改过的生路。除恶如此，在待人的方法上也必须是具体问题具体分析。

有过归己，有功让人

当与人同过，不当与人同功，同功则相忌；可与人共患难，不可与人共安乐，安乐则相仇。

注释

患难：患，忧患。患难指艰难困苦。

仇：仇恨。《史记·郭解传》："雒阳人有相仇者。"

译文

应该有和别人共同承担过失的雅量，不应当有和别人共同享受功劳念头，共享功劳就会引起彼此的猜疑；应该有和别人共同渡过难关的胸襟，不可有和别人共同享受安乐的贪心，共享安乐就会造成互相仇恨。

智慧解读

从古到今，能够同享安乐共受富贵的例子不多，倒是兄弟相煎，君臣猜杀，父子干戈的例子俯拾皆是。争杀的原因大都为富贵、安逸而相仇。想想人生在世，不过短短数十寒暑，争名夺利的结果，到头来也不过是黄土一堆而已，谁都知道这个道理。所谓"旧时王谢堂前燕，飞入寻常百姓家"，功名富贵恰似过眼云烟，偏偏是当局者迷，不到盖棺难以清醒。人为什么只在患难之中才会团结呢？人在有过之时盼望别人的原谅，人在病中、在弱时盼望别人同情，可得势、强健时便忘乎所以。所以待人处世要勿争，争则陷入一种自寻的烦恼之中，不争则是与人相安的一种方式；而且欲为大事者连世俗之利都看不透，何谈追求成功。

譬言救人，功德无量

士君子，贫不能济物者，遇人痴迷处，出一言提醒之，遇人急难处，出一言解救之，亦是无量功德。

注释

济物：用金钱救助他人。

译文

有学问有节操的人，虽然贫穷无法用物质去接济他人，但当碰到别人为某件事执迷不悟时，能去指点他、提醒他使他领悟；当别人发生危急困难时，能为他说几句公道的话，说几句安慰的话，使他摆脱困境，这也算是无限的大功德。

智慧解读

人们有一种传统的习惯，仿佛救助别人要么做事，要么助钱，要么出力，很重视有形的东西。对于出个点子，指点迷津，用道理劝诫一番等等无形的东西往往忽视。仿佛只在读书时才重视常识广、境界高的人出的点子和讲的道理的价值。古代社会，文武重臣往往有自己的幕僚等人为自己出谋划策。随着社会的发展，给人帮助的形式多种多样，尤其是无形的东西如知识、智慧和经验日益受到重视，出点子服务逐步走向一般民众，走向有序、有偿、有效的轨道。知识和经济金钱挂钩，可以按照时间计量。如请律师为你分析一个案情，让能者为自己的公司出一个促销策略。尤其在商品经济下市场竞争中，更需要的是人的智慧，有用的点子，即人才被越来越被重视起来。

趋炎附热，人之通病

饥则附，饱则扬，燠则趋，寒则弃，人情通患也。

注释

燠：《说文．无衣》："安且燠兮。"注："燠，暖也。"

患：疾病。柳宗元《愈膏肓赋》："愈膏肓之患难。"（愈：治好。）

译文

饥饿潦倒时就去投靠人家，富裕饱足时就远走高飞；富贵的就去巴结，贫困的就鄙弃，这是一般人都会有的毛病。

智慧解读

从古而今，嫌贫爱富、趋炎附势，人之常情、世之通病。好像经济杠杆也成了人际交往的法则，以至在《史记》中有"一贫一富乃知交态，一贵一贱交情乃见"的感慨。俗谚有"贫居闹市无人问，富在深山有远亲"的叹息。这样的事例太多了，但这并不说明人们对此的认可。这一现实和人们的交往需要、感情交流是相悖的，因为在金钱驱动下的人际关系是难有真清流露无遗的。人们在无奈中盼望一种真诚，首先要求君子能甘于淡泊，以使社会不全处在一片感情的沙漠中。从另一个角度看，在社会上择友交人是必须的。古语"君子之交淡如水"，正和上述语录相对应，而成为人际交往的警语。

冷眼观物，轻动刚肠

君子宜净拭冷眼，慎勿轻动刚肠。

注释

冷：冷静。

刚肠：个性耿直。

译文

一个有品德才学的君子，要以冷静的态度来面对事物，要小心从事，切忌随便表现自己耿直的性格。

智慧解读

正派人一般都待人热诚，所谓古道热肠；遇事正直，所谓胸怀坦荡。但为人处世要讲究方法，待人热诚当然是对的，但热情过度，往往造成主观愿望与客观效果相悖。因为太热情往往就过于主观，为此可能招致人家怨尤；因一时的热情而轻举妄动，或许还会铸成大错。遇事坦诚直率当然没错，但要看对象能否接受，不能因为自己直率是优点，伤了人就可以求得别人的谅解。有时直率的出发点是好的，办事的设想也是可行的，但很可能由于性格不和而难以成事。坦诚直率往往伴随着教化、固执、生硬。而遇事的目的是为了解决问题，把事办好，决不只为表现一下直率的观点。

德量共进，识见更高

德随量进，量由识长。故欲厚其德，不可不弘其量；欲弘其量，不可不大其识。

注释

识：知识、见识、经验。

弘：扩大、光大。《汉书·叙传下》："思弘祖业。"

量：气量、抱负。《三国志·蜀书·诸葛亮传》："刘备以亮有殊量，乃三顾亮于草庐之中。"

译文

人的道德是随着气量而增长的，人的气量又是随着人的见识而增加的。所以要想使自己的道德更加完美，不能够不使自己的气量更宽宏；要使自己的气量更宽宏，不能不增加自己的见识。

智慧解读

常言"德高望重"，"量宽福厚"，德跟量是互为因果的。只有品德高尚才会度量宽宏，其结果是在社会上受到人们尊敬，取得应有地位。而要有高尚的品德就必须先有高深的学问，有了高深的学问待人接物才会有远大眼光，眼光远大做事就不易发生谬误，处世也少有过与不及的缺憾，无往而不利。学问又分作书本知识和人生经验两大类，一个是死的，注重思考探求；一个是活的，要求实践总结。二者的目的都在于增强观察力和判断力，分辨是非曲直分出善恶邪正，能知善恶邪正才可行善去恶从正僻邪。增加学问是德、量的一个重要基础，是增量进德的一个有效方式，而量弘德进又是做学问做人的基础。

人心惟危，道心惟微

一灯萤然，万籁无声，此吾人初入宴寂时也；晓梦初醒，群动未起，此吾人初出混沌处也。乘此而一念回光，炯然返照，始知耳目口鼻皆桎梏，而情欲嗜好悉机械矣。

注释

萤然：形容灯光微弱得像萤火虫一般闪烁。

万籁：一切声音。

桎梏：捆住手足的刑具。《战国策·齐策六》："束缚桎梏，辱身也。"引申为约束、束缚。

译文

当夜晚时分，清灯枯照，万籁俱寂，这正是人们要开始入睡的时候；清晨人们从睡梦中醒来，万物还未复苏，这正是我们刚刚从朦朦胧胧的睡意中清醒的时刻。如果能利用这一刻来澄清自己的内心世界，来反省自身的一切，便会明白耳目口鼻是束缚我们心智的枷锁，而情欲、爱好等都是使我们堕落的机器。

智慧解读

人们为了寻求内心的平衡，为了求得心灵的安宁，从古至今进行了苦苦探索。人不可能与世隔绝，不闻外物的进入。夜间睡觉时，精神与肉体相对进入安宁状态，此刻没有善恶苦乐之分，像开天辟地之初的混沌时期。从梦中睡醒，身心到现实，不再空虚，又有了实际行动，是非善恶观念便又开始发生。所以在夜深人静、万籁俱寂时，我们要像曾子那样，以是非善恶的标准反省自己，反省由耳鼻目口所产生的情欲在静寂中，在是非标准中是否有违道义。当然，不能割掉耳目口鼻来阻止物欲的需求，否则人岂不是变成无情无欲的顽石枯木？在万籁俱寂中反省觉悟，会感受到世外之物与精神是相辅相成的。人处在一种空寂与现实的困扰中往往是矛盾的，保持心灵的虚空寂静，这方面多下些苦功夫，经常反省自己，不失为修身养性的一种好办法。

反省从善，尤人成恶

反己者，触事皆成药石；尤人者，动念即是戈矛。一以辟众善之路，一以浚诸恶之源，相去霄壤矣。

注释

药石：治病的东西，引申为规诫他人改过之言。

尤人：尤，指责、归咎之意。《论语·宪问》："不尤人。"

译文

一个人能够经常反省自己，遇到任何事情都可能成为使自己警醒的良药；一个经常怨天尤人的人，心中的念头都会像伤害自己的戈矛。一个是通向各种善行的途径，一个是形成恶行的源头，两者有天壤之别。

智慧解读

每个人看问题的方法不一样，站的角度不一样，得的结论自不相同；刺激相同，反应各不相同。所以一个人肯多做自我检讨，万事都可变成自己的借鉴。孔子说："见贤思齐，见不贤而内自省。""内省"就是一种"反己"功夫。但是生活中的很多现象往往是相反的，遇到了种种矛盾往往埋怨对方，碰见了冲突，总是指责对方，什么事总是自己对，总是从自己的角度出发。这种人对物质利益显得自私，在人际交往上同样自私。因为不能自省，所以总觉得不平衡，总难进步。又如报纸经常报道犯罪事件，有的人反对绘声绘色的详细报道，认为如此等于在教有犯罪倾向的人去摹仿作案。奉公守法的君子看到，却引为一大镜鉴；而对不知自省的人来说，就只知埋怨、指责或者看热闹。

功名一时，气切万古

事业文章随身销毁，而精神万古如新；功名富贵逐世转移，而气节千载一日。君子信不当以彼易此也。

注释

千载一日：千年仿佛一日，比喻永恒不变。

译文

事业和文章都会随着人的死亡而消失，但圣贤的精神却可以亘古不变；功名利禄和荣华富贵都会随着时代的变迁而转移，只有高尚的气节却能千年不朽。所以，一个道德学问都很高尚的君子是不可以用一时的事业功名来换永恒的精神气节的。

智慧解读

精神、志节不是空的，不能脱离具体的事而存在，青史留名的人其精神气节往往是在具体的事中表现出来的。事业有大有小，有好有坏，坏人小人也可以称自己的钻营为一种事业，造福万民的伟大事业，为一种善政德政而永垂不朽。同样此处的"文章"也是指普通毫无内容的文章，是抒发病态之情，咏风弄月、堆砌词藻的作品。得以留传至今的经典、文史之作，几乎全靠文章薪火相传之功。司马迁曾有精辟的见解，他在《报任安书》中说："古者富贵而名磨灭，不可胜记，唯倜傥非常之人称焉。盖文王拘而演'周易'；仲尼厄而作'春秋'；屈原放逐，乃赋'离骚'；左丘失明，厥有'国语'；孙子膑脚，'兵法'修列；不韦迁蜀，世传'吕览'；韩非囚秦，'说难'、'孤愤'；诗三百篇，大抵贤圣发愤之所为作也。此人皆意有所郁结，不得通其道，故述往事思来者，及如左丘无目，孙子断足，终不可用，退而论书策，以舒其愤，思垂空文以自见。"由此可见，一个人不论何时何地，应保持一种高尚的品德，伟大的理想，使自己的事业的充溢着伟大的精神，在实现理想中保持着如一的气节。所谓功名一时，富贵难久，而精神不死，气节千秋。

机里藏机，变外生变

鱼网之设，鸿则罹其中；螳螂之贪，雀又乘其后。机里藏机，变外生变，智巧何足恃哉！

注释

罹：遭遇。《三国志·魏书·武帝纪》："河北罹袁氏之难。"

螳螂之贪，雀又乘其后：比喻只看到眼前利益而忽略了背后的灾祸。

译文

投设鱼网是为了捕鱼，可是鸿雁却落入网中；螳螂正想贪吃眼前的蝉，却不知道黄雀在背后伺机偷袭。玄机里面暗藏玄机，变化之外再生变化，人的智慧和计谋又有什么可仗恃的呢？

智慧解读

孔子主张"尽人事以听天命"。对于人来讲，不可知的东西太多了，许多事往往用尽心思仍一无所得。而在生活中，所谓"螳螂捕蝉，黄雀在后"的事太多了，"人为财死，鸟为食亡"的事更是俯拾皆是。任何事物都不是孤立存在的，往往一环套一环，牵一发而动全身。对于物欲的贪求、有时偏偏"有心栽花花不开，无心插柳柳成荫"。有的时候却是"机关算尽太聪明"，最终一无所得。当然"智巧何足恃"并不是说人应任凭大自然摆布，而是一定要探索自然，克服天敌，进而认识掌握事物的变化周期和发展规律。

诚恳为人，灵活处世

作人无点真恳念头，便成个花子，事事皆虚；涉世无段圆活机趣，便是个木人，处处有碍。

注释

花子：乞丐的俗称。

译文

做人如果没有一点真诚恳切的念头，就会像个一无所有的乞丐，做任何事都很虚伪；处世如果没有一些随机应变的技巧，那么就成了一个没有生命的木头人，时时处处都会碰到阻碍。

智慧解读

华而不实的人可能会给人一个生动的印象，但决不会长久；心地诚善的人或许不会给人以深刻的印象，但随着时间的推移，人们的信任感到诚善之中就越来越强。做人做事必须诚恳，否则他的言行都不足以使人相信，像一个伪造的假人形，既没有灵魂，又不像真人能够动作。这样的人活在世间也了无生趣，自欺而欺人，久了必定会暴露。因为一个人做事态度不诚恳，对方总认为你滑头滑脑，而不敢跟你一起做出任何重大决断，这样你就什么事也无法进行，当然也就谈不到创任何大事业，到头来必将一事无成。就是在相互倾轧的生意场中也讨厌一锤子买卖的人，因此作者才说这种人"事事皆虚"。至于说"圆活机趣"，这并不是告诉人做人要一切都讲求圆滑，而是说必须在圆通灵活中重视人情味和幽默感，过于顽固的人，与人落落寡合，毫无圆转滑脱的通融机趣，这样的人就像木偶，到处都受到人的冷遇，事事都行不通了。人常说"法律不越人情"和"法外施恩"等，就是指这种"机趣"。"诚信"是个首要原则，当然诚而善只是基础，办事还须灵活，尤其是具体事物应有变通之法。待人上更要有人情味和幽默感，往往很严肃很尴尬的事，由于当事人富有幽默感，说上几句很逗趣的话，大家哈哈一笑，事情也办通了。有的事这样办不行换个方式就行，此时不成换个时间就成。尤其是现代社会，既要讲做人原则，也要求办事效率。否则一切事情都本着公事公办的严肃态度，那你所办的事不但处处碰钉子，而且会被人指称为一个不通人情的木头人。所以，处世过于虚伪既得不到别人的信任；处世过于呆板也一定不受人欢迎啊！

去混心清，去苦乐存

水不波则自定，鉴不翳则自明。故心无可清，去其混之者，而清自现；乐不必寻，去其苦之者，而乐自存。

注释

鉴：古指镜子。《左传·庄公二十一年》："王以后之鞶鉴予之。"

翳：蔽。《楚辞·九歌·远逝》："石屿嵯以翳日。"

译文

水不兴波作浪就会自然平静；镜子没有灰尘就自然明净。所以人的心地并不需要刻意去追求什么清静，只要去掉了私心杂念，就自然会明澈清静；快乐不必刻意去寻找，只要远离那些痛苦和烦恼，快乐就自然会存在了。

智慧解读

儒家思想认为"人之初，性本善"，王阳明说"良知"，《大学》一书中说"明德"。只要排除善良本性中的杂念和邪恶思想，人的心地就会大放光明普照世间，只要这种善良的本性不受杂念困扰，人的日常生活自然就会快乐，根本不必主动去追求。主张人类的一切痛苦烦恼都是出自邪恶的杂念，而这种邪恶杂念多半出自庸人自扰。"天下本无事，庸人自扰之。"人当然不能脱离现实世界而生存，保持内心绝对纯洁。但如何对待外界的干扰，怎样认识客观世界的变化，是与主观认识水平的高低和自己的修养学识相联系的。排除了私心杂念，以便保持一种高尚的追求，人在事业中就可以保持一种愉快的心情，精神状态也会饱满。

一言一行，切戒犯忌

有一念而犯鬼神之禁，一言而伤天地之和，一事而酿子孙之祸者，最宜切戒。

注释

酿：造成。

切戒：引以为戒。

译文

如果有一个邪恶的念头会触犯鬼神的禁忌，说一句话会伤害人间的祥和之气，如果做一件事会造成子孙后代的祸患，那么这些言行是我们要引以为戒的。

智慧解读

立身处世，小心谨慎，每做一事，要为自己着想，要为别人着想；要看眼前，也要为子孙后代考虑，多为自己的儿孙积阴德。否则如果为达目的不择手段，只图自己一时之欢，做伤天害理的事，赚不仁不义的钱，就等于给子孙酿祸，给自己的前程伏下败笔，到那时真是悔不当初噬脐莫及了，古兵法中也有所谓"一言不慎身败名裂，一语不慎全军覆没"的箴言。人做事不可以胡作非为引来祸患，需谨言慎行明辨善恶。尤其是新出世的年青人，不要以为"嘴上没毛办事不牢"就可以原谅自己，不要觉得"初生牛犊不怕虎"，做事眼高手低，盛气凌人。有时过失成祸并非闯祸人的本意，而是由于经验不足，言行不慎，诚为可惜。

欲擒故纵，宽之自明

事有急之不白者，宽之或自明，毋躁急以速其忿；人有操之不从者，纵之或自化，毋躁切以益其顽。

注释

自化：自己觉悟。

《老子》："我无为而反自化。"

译文

有些事情越是想弄清楚，就越弄不清楚，可是宽限一些时间就会自然明白，不要急躁以免增加紧张的气氛；有的人想指导他却不能听从，如果放松约束也许他会自然受到感化，不要急切地去约束他，以免增加他的抵触情绪。

智慧解读

一个人不论作任何事，都不能操之过急，否则就会发生反效果。

我们在日常生活中也能体会出，例如你一件很重要的东西丢了，翻匣倒柜怎么也找不到，这时最好的办法就是干脆不找了，等些日子你很可能无意中碰到，此刻你不禁要说"踏破铁鞋无觅处，得来全不费功夫"。其实世间很多事情都是如此，一件事情发生了，想调查彻底颇不容易，在真相未明之前，应当放宽一步任其自然发展，慢慢地终必水落石出；如果操之过急，反而容易引起他人的愤怒和反感，增加求真实结果的障碍。而"时间是最好的证明"，只要时间一到一切事情都会水落石出，根本不必苦苦急着去调查追问。

生活中的处世待人同样如此，因为时间是消除偏见、误解，缓解紧张情绪的最好的催化剂。一个人不论做任何事，都不能操之过急，否则就会适得其反。就像梨子未熟非要摘下来尝尝，味道自然不好。办事要有诚心，还要有耐心；要有方法，还要看时机。

同样，关于支配他人服从你，如果自己巧用心机施行操纵，反而招致他人的不服从。不如听其自然，使对方心悦诚服的遵从。所谓"以德服人者真服也，以力服人非真服也"，如果只知严厉管束，反而使他顽抗不服，事情就越弄越坏而不可收拾了。

不能养德，终归末技

节义傲青云，文章高白雪，若不以德性陶镕之，终为血气之私，技能之末。

注释

青云：比喻达官显贵。

白雪：五十弦瑟乐曲名。《昭明文选》陆机《文赋》："缀下里于白雪。注：淮南子日师旷奏白雪而神禽下降。白雪：五十弦琴乐名。"

血气：这里指感情。

译文

节操和正气足以胜过高官厚禄，生动感人的文章足以胜过白雪名曲，如果不是用道德准则来贯穿其中，那么终究只不过是血气冲动时的个人感情，或只不过是一种微不足道的雕虫小技罢了。

智慧解读

孔子的儒家思想影响了中国几千年，其生命何在？就是儒家道德，核心就是仁爱。一个人的行为只有经得起道德的检验，才能算高尚的行为；一个人的学问只有道德的配合，才能算是高尚的行为；一个人的学问只有有道德的配合，才能算是高深的学问；一个人的才能只在道德的引导下，才能成为智慧。

一个人不论如何清高或有学问，如没有高尚的品德来配合，没有一种为大众利益献身，为社会公益服务的主旨而只限于一己之私，一隅之见，那么这种清高和学问也都丧失了意义，就成为不受世人重视的"血气之私，技能之末"，也就是变成了微不足道的孤高傲世和雕虫小技。这是不足取的。这种人自我清高，咏诵风雅可以，却无补于世。

人的节义虽然可以高傲过青云，文章可以妙胜过白雪，假如不是由道德的心锻炼出来的节义和文章，则他的节义不过是自私，文章也不过是普通的，这也许与那侠客的义节与骚士的文章毫无差别了。

不洗澡的人，硬擦香水是不会香的。名声与尊贵，是来自于真才实学的。有德自然香。

急流勇退，与世无争

谢事当谢于正盛之时，居身宜居于独后之地。

注释

谢事：指辞官归隐。

独后：不与人争，独自居后。

译文

引退要在自己事业处于鼎盛的时候，这样才能使自己有一个完满的结局；而居家度日则应生活在清静不与人争先的地方，这样才能真正地修身养性。

智慧解读

"功成名就"固然是好事，但处理不好也会引发祸端。凡事发展到顶峰，随后而来的就是衰退和败落，聪明的人不会贪图虚荣放不下功名利禄这些身外之物。否则便会招致灾祸。因而他奉劝人们急须趁早罢手，见好即收。在事情做好之后，不要贪婪权位名利，而要收敛意欲，急流勇退。急流勇退是一种睿智的生活态度，君子所重不在结果的功成名就，而在过程中的尽力而为。

对"功成身退"的理解，古人是颇深的，得益于此的更是不乏其人。

西汉人疏广，任太子太傅。疏广哥哥的儿子疏受，任太子少傅。任职五年以后，疏广对疏受说："我听人说过，知道满足的人不会受到侮辱，也不会遭受危险，成就了功名隐退，这是一种明智之举。而今你我已功成名就，现在不离开，恐怕是会后悔的。"

他们叔侄二人以身体有病为名，向皇帝上书，请求告老还乡养病，回家安度晚年。皇帝同意了，并赐给他们黄金 20 斤，太子赐给他们黄金 50 斤，大臣和朋友们在京城外举行送别仪式，送他们的共有 100 多辆车子。路上看热闹的人都说："这两个大夫，真是贤明的人。"

疏广叔侄二人，知道进退，一旦条件有变就退下来，以保全自己已获得的成就。他们正是知道及时归隐，不仅保全了利益，还获得了世人的称赞。

功成业就了就抽身隐退，这样才合乎自然界的法则和规律。只知道前进，而不知退守之意，那就极有可能会盛极而衰。寒尽暑来，变化更替不止，这是自然界的变化规律。然而有些人处在鼎盛时期不知及时醒悟，结果如羊撞在藩篱上一样，进退两难。

比如秦国丞相李斯即是如此。李斯在秦国为官，已经做到丞相之位，可谓富贵集于一身，曾经叱咤风云，不可一世，最终却做了阶下囚。

临刑时，他对儿子说，"吾欲与若复牵黄犬，出上蔡东门，逐狡兔，岂可得乎？"不仅丞相做不成了，连做一个布衣百姓与儿子外出狩猎的机会也没有了，这是多么典型的一个事例！可惜李斯在没有身败名裂之时，没有领会"谢世当谢于正盛之时"的真谛。

任何事都有个度，一个人的爵禄官位到了一定程度就要懂得急流勇退，否则到了否极泰来的时候，后悔已晚。疏广叔侄二人功成身退，急流勇退，常让后人感叹称赏。而李斯为秦国建大功却身亡，发出"出上蔡东门逐狡兔岂可得出"的哀鸣，正说明俗语说："爬得越高，摔得越重"的道理，因为权力最能腐化人心，而人们由于贪恋名利，往往会招致身败名裂的悲剧下场。

细处着眼，施不求报

谨德须谨于至微之事，施恩务施于不报之人。

注释

至：极、最。《荀子·正论》："罪至重而刑至轻。"
不报：此指无力回报。

译文

人要加强品德修养，须在最细微的地方下功夫，施予别人恩惠应该施予那些根本无法回报你的人。

智慧解读

品德修养是靠一点一滴积累起来的，生活中可以常见一些人在行事上喜以老粗自居，言行大事者不拘细节，以此来掩饰自己的粗鲁无知，或者自己做的事往往都是粗欲不堪、见利忘义之举，却以粗豪作掩饰。一个修养好的人，就是在细微的小事情上同样谨言慎行，不因其小就有违道义，凡是和自己的理想追求不一致的，再小的事也不做。以助人而言，从思想上就不能存有让对方感恩图报的小人之念。否则就是一种毫无诚意的伪善，必须为善而不报，多做些雪中送炭的事，少来些锦上添花。

清心去俗，趣味高雅

交市人不如友山翁，谒朱门不如亲白屋；听街谈巷语，不如闻樵歌牧咏；谈今人失德过举，不如述古人嘉言懿行。

注释

朱门：杜甫诗："朱门酒肉臭，路有冻死骨。"朱门比喻富贵之家。

白屋：指贫穷人家住的地方。

译文

与其和市井凡俗之人交朋友不如与山野老翁来往，与其去拜谒达官贵人还不如亲近普通的平民百姓；与其听街头巷尾的是是非非，还不如去听樵夫和牧童歌唱；与其议论当今的人违背道德的行为和失当的举动，还不如讲述古代圣贤的美好言行。

智慧解读

发思古之幽情，入自然之怀抱是人生的一大乐趣。听渔翁樵夫歌，与世外高人交是雅士交人的一种追求。所谓修身养性。如果结交的是市井小人，所听的是追逐利益的俗事；如果整天奔走富贵豪门之家，听到的都是功名利禄的权势之争；假如经常谈论左邻右舍的是非，昨日今日的闲言。那么心难静，气不顺，神不宁，心则何安？人不能逃避世事，不承担社会责任，但为大事者必须要有超脱世俗的心境，才可能修身养德，才可能为一展大志不息奋斗。

修身种德，事业之基

德者事业之基，未有基不固而不栋宇坚久者。

注释

基：基础、根本。《老子》："贵以贱为本，高以下为基。"

译文

高尚美好的品德是一切事业的根基，正如盖房子一样，如果没有坚实的地基，就不可能修建坚固而耐用的房屋。

智慧解读

品德的修养是人生的基础，决定一个人一生行事是善是恶是美是丑。一个人没有好的品德，再好的学识或许不能有益于人，可能还会害人，而且知道越多害人越深，权势越大破坏愈广。一个品行不端的人，很难在事业上有所成就，就算是可能荣耀于一时，但终究会贪赃枉法、过于自私而误国误民。爬得高会摔得更重，所以成功的事业者必须德才兼备。

心善子盛，根固叶荣

心者后裔之根，未有根不植而枝叶荣茂者。

注释

裔：后代。左思《吴都赋》："虞、魏之昆，顾、陆之裔。"
（昆：后代）

译文

善良的心地是子孙后代的根本，就像栽花种树一样，如果没有牢固的根基，就不可能有繁花似锦、枝叶茂盛的景象。

智慧解读

留给后代一车金，不如留给后代一颗心，一颗善良、美好、光明正大的心。现在人不注重传承精神思想，而是千方百计想留给后代物质财富，这是很不明智的做法。因为我们没有良好的思想道德约束，财富只能成为肆意妄为、纵欲无度的阶梯，成为毁灭下一代的坟墓。现在的中国人很不理解很多外国人不把遗产留给下一代的做法，因为他们没有清楚地看见过财富是怎么祸害下一代的。现在中国的富一代，是断层的财富一代，本身的道德文化就没有建立，更没有亲眼看见过败家子落魄的实例；只是感到自己创业的艰辛，不想让孩子重蹈覆辙。根本就没有"思想道德是后代子孙的根基，没有根基不树立而枝叶能够茂盛的"的理论概念。所以在这方面，我们应该向其他民族学习，留给后辈牢固的根基，留给后辈立世之本。

勿昧所有，勿夸所有

前人云："抛却自家无尽藏，治门持钵效贫儿。"又云："暴富贫儿休说梦，谁家灶里火无烟？"一箴自昧所有，一箴自夸所有，可为学问切戒。

注释

无尽藏：比喻无穷的道德和财富。《大乘义章》："德广难穷，名为无尽，无尽之德，包含曰藏。"

译文

古人说过："抛弃自己家里无穷宝藏，效仿乞丐拿着饭碗沿门沿户去讨饭。"又说："突然暴富的穷人不要信口开河，哪家的炉灶烟囱不冒烟呢？"前一句话告诫人们不要妄自菲薄；后一句话是告诫人们不要自我夸耀，所说的这两种情况都应该作为做学问的鉴戒。

智慧解读

《佛学入门》说，"佛在灵山莫远求，灵山只在汝心头，人人有座灵山塔，好在灵山塔下修"。心就是佛，每个人都具有佛性，应求诸内心而勿求诸物外。做人也是这样，人人都有自己的良知，而古圣先贤只在自己内心求道，使得修心养性的能力超人。

可惜很多人不自知不自修，抛却自家无尽藏。

做事做学问的人更要以不自夸不自满为戒，不能只追求形式上的完美而忽视实质上的成效；不能妄想走捷径搞短、平快，而忽视扎实刻苦的基础；不能总想着外力作用，而忘却自身努力的重要性。

道德学问，人皆可修

道是一重公众物事，当随人而接引；学是一个寻常家饭，当随事而警惕。

注释

公众物事：指社会大众的事。

接引：迎接、引导。

译文

真理是一件人人都可以去追求和探索的事情，应该随着个人的性情来加以引导；做学问就像每个人吃的家常便饭一样，应该随着事情的变化而有所谨慎和警惕。

智慧解读

吕蒙，是三国时吴国著名将领，小时候家里很穷，没读过什么书。一次，孙权对吕蒙和蒋钦说："你们如今执掌大权，应加强学习，这样于己有益。"吕蒙答道："军中事多，无暇读书。"

孙权说："我难道是让你们去当经学博士吗？不过是让你们多读些书以增长见识而已。要说事多，你们难道比我的事还多吗？我自幼熟读《诗》《书》《左传》《国语》，只不读《易》。执掌朝政出来，经常看《史记》《汉书》等史书，以及诸子百家的书法和兵法，自以为大有收益。你们二人都是很聪明的人，只要肯学习，必会有所得，为何不这样做呢？应急读《孔子》《六韬》《左传》《国语》及《汉书》等。孔子说过，'终日不食，终夜不寝，以思无益，不如学也。'汉光武帝刘秀当兵马之劳，仍手不释卷。曹孟德也称老而好学。你们为何不激励自己，发奋读书呢？"从此，吕蒙坚持学习，所读之书，比一般书生还多。后鲁肃接替周瑜任都督，与吕蒙交谈，学识不及吕蒙。鲁肃叹道："我以为大弟只有武略，不料今日学识如此英博，再也不是昔日阿蒙了！"

信人己诚，疑人己诈

信人者，人未必尽诚，怀则独诚矣；疑人者，人未必皆诈，己则先诈矣。

注释

信人：相信别人。

疑人：怀疑别人。

译文

能信任别人的人，别人不定会以诚相待，但他自己却是诚实的；一个常怀疑别人的人，别人也许并不都狡诈，但他自己却已是做了狡诈之事了。

智慧解读

疑神疑鬼，不信任别人的人是成不了气候的。尤其是一个有创造大业雄心的人，在待人接物上必须出自真诚，注意疑人莫用，用人莫疑。使大家精诚合作。诚信是传统的做人原则之一，真诚待人终究会感动别人。但是真诚待人不是见什么人都把自己和盘托出，就是见了作奸犯科的歹徒也去真诚相待，期望以此感化他。如果人人这样，社会责任法律义务谁来承担？故诚也是相对而不是绝对的。

春风催生，寒风残杀

念头宽厚的，如春风煦育，万物遭之而生；念头忌刻的，如朔雪阴凝，万物遭之而死。

注释

煦：温暖。颜延之《陶征士诔》："晨烟暮霭，春煦秋阴。"

朔：北。

译文

一个胸怀宽大仁厚的人，就像温暖和煦的春风，能让万物充满生机；而心胸狭窄刻薄的人，就像呼啸阴冷的冰雪，万物遭到它的摧残会枯萎凋谢。

智慧解读

"良言一句三冬暖，恶语伤人六月寒"，不仅说话如此，为人处世的胸怀、性格也应这样，温暖的春风人人欢迎，寒冷的冰雪人人讨厌。一个心胸狭隘尖酸刻薄的人，任何人都不愿意接近他；反之一个气度恢宏待人宽厚的人，任何人见了都愿意接近他；尤其在言谈方面更是如此，刻薄成性的人，有时一句话都让你受益终生。一个宽厚的人就应当容得了事，这不是无原则，而是一种适应社会的表现。一个胸襟狭隘、斤斤计较的人是不可能品味其中乐趣的，反之这也表现了同种人生的不成熟和人生历练的缺乏。

善根暗长，恶损潜消

为善不见其益，如草里冬瓜，自应暗长；为恶不见其损，如庭前春雪，当必潜消。

注释

潜：偷偷地、秘密地。

译文

做了好事不一定能立即看出它的益处，但是好事的益处就像掩在草里面的冬瓜一样，于不知不觉中长大；一个人做了坏事也许不会立即看出它的害处，但恶行的灾祸就像春天庭院中的积雪被阳光照射融化一样，在渐渐地显现出来。

智慧解读

佛家说，"善有善报，恶有恶报，不是不报，时候未到"所表明的也是这个道理。善与恶有时不是马上可以见到结果的，但多行不义必自毙。做一件善事算不得善人，行一件坏事也不是坏人，但量的积累到了一定的程度就会发生质的变化。可见一个人绝对不能心存侥幸做坏事，早晚有一天可能东窗事发锒铛入狱。也不要认为自己平日人缘好，在自己的圈子里吃得开，就胆大妄为贪赃枉法。其实这种想法大错特错，早晚劣迹会全部牵扯出来。天网恢恢，做恶事的人不望人知，但天网恢恢，疏而不漏。行善的人不望人报也就不望人知，但人们心里总会明白，每件善事尤如种子在人的心里，伺机便会发芽。

愈隐愈显，愈淡愈浓

遇故旧之交，意气要愈新；处隐微之事，心迹宜愈显；待衰朽之人，恩礼当愈隆。

注释

隐微：隐私。

衰朽之人：指年老体衰的人。

译文

遇到多年不见的老朋友，情意要如同对待新知一样特别热烈真诚；处理隐秘细微的事情，态度要更加光明磊落；对待年老体衰的人，礼节应当更加恭敬周到。

智慧解读

一个人在社会上不懂尊老，不知道怎么待友是没有教养、没有知识的表现。人不要太势利，所谓人走茶凉，尤其是对失了势没有实用价值的老友更应注意，要光明磊落才对。同样，做事不能因为处于无人知晓的地方，就有营私舞弊的念头出现。在黑暗处要比在光明处更加磊落，才能显示出不平凡的人格。一个人在接待和处事上可以充分表现出修养的高低。要立身于世，这是起码的知识。

君子立德，小人图利

勤者敏于德义，而世人借勤以济其贫；俭者淡于货利，而世人假俭以饰其吝。君子持身之符，反为小人营私之具矣，惜哉！

注释

敏：努力、奋勉。《汉书·东方朔传》："敏行而不敢怠。"

译文

勤奋的人应该十分注意培养自己的德性和义理，而世人偏偏假借勤奋来作为解决贫困；俭朴的人对财物和金钱都很淡泊，但是世人偏偏假借俭朴作为掩饰自己的吝啬。君子修身立德的标准，却成了市井小人营私谋利的工具，真是可惜啊！

智慧解读

凡是拉大旗做虎皮的人，往往是为了欺瞒、蒙骗，吓唬善良的人。君子守身的法则，往往成为小人图利的工具。世事大抵如此。"干将""莫邪"雌雄双宝剑，在名将手中就会成为保国为民的利器，反之，如果落在坏人手中就会变成杀人的凶器。又如核能，落到人道者手中就会用于和平之途，用它来发电发热为人类谋福；落到侵略主义者手中，就会变成杀人的武器，给人类造成莫大的悲剧。可见，不管什么东西产生的客观效果首先要由运用者来决定，运用者的内在素质低，思想境界差，再好的东西都会成为营私逐利的工具，能都会找到堂而皇之的理由来伪装。

意气用事，难有作为

凭意兴作为者，随作则随止，岂是不退之轮；从情识解悟者，有悟则有迷，终非常明之灯。

注释

不退之轮：佛家语，轮指法轮。

译文

一个人只凭一时的意气、兴趣办事，情绪高的时候就去行动，冲动一过马上就停止，这样怎能成为不断前进永不倒退的车轮呢！从情感出发去领悟事理的人，有所领悟，也会有所迷惑，这样终究不是永保明亮的智慧之灯。

智慧解读

恕以待人，忍以制怒；待人要宽，律己要严，是一种规范的待人之道。这种方式的核心是强调自悟。待人所以必须要宽的原因，为的是给人自新的机会。待己所以要严，因为不严会使自己一错再错。一般人都是"以圣人望人，以常人自待"这种人在任何事情上都无法跟别人合作。假如我们能以责人之心责己，就会减少自己很多过失；以恕己之心恕人，就可以维护住人际之间的良好关系。已所不欲勿施于人，这种推己及人的恕道，是一个人修养品德的根本要诀。遇事应该设身处地为别人着想。这里讲恕人、忍让，是对个人的修德养性而言，因为恕忍不是无原则，过分强调良好的人际关系来提高个人的修养就容易走向事物的反面。

慈悲心肠，繁衍生机

为鼠常留饭，怜蛾不点灯，古人此等念头，是吾人一点生生之机。无此，便所为土木形骸而已。

注释

生生之机：此指使万物生长的意念。

形骸：人的形体。范缜《神灭论》："是生者之形骸变为死者之骨骼也。"

译文

常为老鼠留下一些饭粒不让它饿死，怕飞蛾扑火烧死尽量不点灯，古代的人常有这些仁慈的心肠，这些慈悲之心正是我们人类繁衍不息的生机。没有这些，那么人类也就与那些树木泥土没有什么区别了。

智慧解读

古人所说的"为鼠常留饭"也未必真的是让人给老鼠留饭，而是劝人为人处世要有同情弱者的胸怀。佛教的中心思想之一就是主张不杀生（戒杀），因此先贤才有"为鼠常留饭，怜蛾不点灯"的名言。这和现代人倡导的保护野生动物运动有点相似，但现代人是基于维护人类良好的生存环境。人性有善恶，待人也应以慈悲为怀，不能以算计人为出发点。正因为慈悲心肠的人多了，人世间便自有一片温情。诚和气节陶冶暴恶欺诈之人，以诚心感动之；遇暴戾之人，以和气薰蒸之；遇倾邪私曲之人，以名义气节激砺之：天下无不入我入陶冶中矣。

勿仇小人，勿媚君子

休与小人仇雠，小人自有对头；休向君子谄媚，君子原无私惠。

注释

雠：仇敌、仇人。《尚书·微子》："小民方兴，相为敌雠。"

译文

不要与那些行为不正的小人结下仇怨，小人自然有他的冤家对头；不要向君子去讨好献媚，君子本来就不会因为私情而给予恩惠。

智慧解读

人与人之间往往有所谓"恶人自有恶人磨"，也就是小人自然有人来降制他。和小人寻仇的一定是小人，但小人去寻仇手段更为恶毒；君子所以不跟小人结仇，固然可以避其险恶之毒，更由于不屑寻仇，无暇为仇。不仅如此，君子以其心怀坦荡、正直无私而不屑于是非，讨厌阿谀。所谓来说是非者便是是非人，而阿谀奉迎者必有私心私利，很可能因其私而害人，这是君子所不容的，更勿谈同流了。

百炼成金，轻发无功

磨砺当如百炼之金，急就者，非邃养；施为宜似千钧之弩，轻发者，无宏功。

注释

邃：深远。柳宗元《永州韦使君新堂记》："窍穴逶邃。"（逶：曲折）

弩：一种利用机械力量发射箭的弓。

译文

磨砺自己的意志应当像炼金一样，反复锻炼才能成功，急于求成的人，就没有高深的修养；做事就像使用千钧之力的弓弩一样，经过努力才能拉动。如果轻松地做事，不会建立宏大的功业。

智慧解读

人们一般都明白"若要工夫深，铁棒磨成针"这个道理。人生经历，求知问道，身心修养等，须经百炼才能成钢，勤苦方能见效。凡是走小路抄捷径投机取巧的，只有收一时之效绝不能成大功立大业，吃亏的只是自己，而且害怕艰苦、浅尝则止的人，终不能为以后的人生之路打下厚实的基础。孔子说，"无欲速，无见小利，欲速则不达，见小利则大事不成。"不论做人还是做事，都要有这种厚实的历练做基础，这样，遇事待人，言语行动才不会轻浮，进而做到"矢不轻发"。

戒小人媚，愿君子责

宁为小人所忌毁，毋为小人所媚悦；宁为君子所责备，毋为君子所包容。

注释

媚悦：此指用不正当的行为博取他人欢心。

译文

宁可受到小人嫉恨诽谤，也不愿意被小人之取宠献媚所迷惑；宁可受到君子的责难训斥，也不要被君子原谅和包涵。

智慧解读

甜言蜜语对你的人往往有所求，来扯是非的人都有是非心，只有诚心交流情感，直率说出你不足的才是正人君子。"良药苦口利于病，忠言逆耳利于行"，关于"宁为小人所毁"，《论语·子路》篇中说，子贡问曰："乡人皆好，何如？"子曰："未可也。""乡人皆恶，之何如？"子曰："未可也。不如乡人之善者好之，其不善者恶之。"人的是非标准，善恶观念是需要锤炼的，自己心中无标准，做人就不会有原则。没有原则，就喜欢关心别人对自己的评论，关心别人说自己些什么，有时还为此忧心忡忡，何苦来哉？

好利害浅，好名害深

好利者，逸出于道义之外，其害显而浅；好名者，窜入于道义之中，其害隐而深。

注释

逸：超出、超越。《三国志·蜀书·诸葛亮传》："亮少有逸群之才。"

窜：躲藏。

译文

贪求利益的人，所作所为逾越道义之外，所造成的伤害虽然明显但不深远；而贪图名誉的人，他的所作所为隐藏在道义之中，所造成的伤害虽然不明显却很深远。

智慧解读

坏人坏事人人痛恨，因为坏人坏事显而易见，明显地违背公德，害人祸世。可怕的是欺世盗名之辈，沽名钓誉之流。尤其是那些身居要职的人，如果不是德才兼备，却是用名来装点自己，作为捞取政治资本的手段，那么这类人就可能在表面上大言不惭悬壶济世，骨子里只为私利，一肚子男盗女娼，还可能利用手中权力祸害民众，贪污腐化，"好名者害隐而深"，这类人算是一种典型。

忘恩报怨，刻薄之极

受人之恩，虽深不报，怨则浅亦报之；闻人之恶，虽隐不疑，善则显亦疑之。此刻之极，薄之尤也，宜切戒之。

注释

尤：特别、尤其、更。《汉书·辛庆忌传》："居处恭俭，食饮被服尤节约。"

译文

受到了别人的恩德，虽然深厚却不去报答，而对人有一点怨恨就进行报复；听到他人的坏事虽不明显也坚信不疑，而明知他人做了好事却持怀疑的态度。这实在是刻薄到了极点，这样的行为一定要避免。

智慧解读

传统文化中历来有"隐恶而扬善"的美德。孔子说："或曰'以德报怨何如？'子曰：'何以报德？以直报怨，以德报德。'做人要恩怨分明，更应有这样一个思想境界。达到这样一个境界，如果没有长久的磨炼，宽厚的胸怀，良好的道德基础是不行的。在生活中，很多人好打听别人的隐事、坏事，所谓"好事不出门，恶事传千里。"有的人是出于一种好奇显能的恶习，有的人却是出于一种记恶心态，出于秋后算账的要求；有的人不仅知恩不能涌泉相报反而会反目成仇。如此种种人的行为，使人际间的关系，有时真如刀枪相见，远谈不上"和谐"二字了。所以隐恶扬善不仅是一种品德修养，一种交际方式，也是人际和谐的一个前提，这和做人不讲原则不一样。

不畏谗言，却惧蜜语

谗夫毁士，如寸云蔽日，不久自明；媚子阿人，似隙风侵肌，不觉其损。

注释

阿人：指诌媚取巧、曲意附和的人。

隙风：指从门窗、墙壁的小孔吹进的风。

译文

那些喜爱搬弄是非的人对有德行君子的污蔑诽谤，只不过像有一片薄云遮蔽太阳一样，不久就会风吹云散重见光明；而那些喜欢阿谀奉承去巴结别人的人，却像从门缝中吹进的邪风侵害肌肤，使人们在不知不觉中受到伤害。

评语

用奉承的手段迎合别人的意图，靠阿谀奉迎中飘飘然的人却是大有人在。作为一个具有成熟思想的人，应该正确分辨他人对你说的话是实事求是，抑或是甜言蜜语。

不要在意别人对你的诋毁，因为诋毁你的言语并不会对你造成伤害，反而会让你警觉；要小心他人对你的赞美，准确地评价自身，不要在那甜言蜜语中迷失了自己。

处世之道，不同不异

处世不宜与俗同，亦不宜与俗异；作事不宜令人厌，亦不宜令人喜。

注释

俗：指一般人。

译文

为人处世既不要同流合污陷于庸俗，也不故作清高标新立异；做事不应该使人讨厌，也不应该故意委屈自己讨人欢喜。

智慧解读

把握处世行事的尺度是很难的，因为这既需要良好的道德水准，还要有丰富的人生历练的经验做基础。不同流合污，不阿谀奉承是对的，但还要尽量避免小人的打击排挤；至于标新立异，故作清高至人见而讨厌，令常人觉得是怪物，也不足取。君子不惧小人恶，但也应当保持自己的人格而不哗众取宠，装点门面。如果君子处世持美德却行事令人厌恶，岂不有失本意，什么事走向极端就是走到反面。不即不离就像是浪和水的关系，同是一个性质，但表现形态不同，在相容的情况下相处，保持各自的样子才是最好的。

过俭者吝，过谦者卑

俭，美德也，过则为悭吝，为鄙啬，反伤雅道；让，懿行也，过则为足恭，为曲谨，多出机心。

注释

悭吝：小气、吝啬。

雅：高尚、不俗。《三国志·蜀书·诸葛亮传》："才识不及预，而雅性过之"（预：人名）。

懿：美，好。《诗经·周颂·时迈》："我求懿德。"《三国志·

吴书·吴主传》："斯则前世之懿事，后王之元龟也"（元龟：指借鉴）。

足恭：过分恭敬。

机心：诡诈狡猾的用心。

译文

俭朴是一种美德，可是俭朴过分就是吝啬小器，成为斤斤计较的守财奴，反而伤害了与人交往的雅趣；处世谦让是一种高尚的行为，可是如果谦让过分就显得卑躬屈膝，谨小慎微不够大方得体，反而会多出一些巧诈的心思。

评语

节俭固然是美德，过分节俭就变成吝啬；谦让固然是美德，过分谦让就变成谄媚，孺家主张中庸之道，道理就在这里。为人要有品行节操才能立足，如果谦让至伪，节俭到吝啬，那么节俭的目的何在，谦让的初衷为何？这实际上是一种小人、俗人的表现。

喜忧安危，勿介于心

毋忧拂意，毋喜快心，毋恃久安，毋惮初难。

注释

拂意：不如意。拂，违背、不顺。《韩非子·外储说左上》："忠言拂于耳。"

快心：称心。快，高兴、痛快。熟语有："大快人心。"

惮：畏惧、害怕。《管子·乘马》："民不惮劳苦。"

译文

不要为不合意的事感到忧心忡忡，不要对高兴的事欣喜若狂；对长久的安定不要过于依赖，对开始遇到的困难不要因畏惧害怕而裹足不前。

智慧解读

世事无常，但不断变化、不断发展却是一个普遍现象。称心如意，生活安定当然是可喜悦、可羡慕的，但事物总处于变化中，快心和安局是相对的、一时的。反过来，不要作无谓的忧愁烦恼，因为失意正是得意的基础；也不要为一时的幸福而得意，因为得意正是失意的根源。在佛家来说，人生原无得意与失意之分，只是人观念上的感觉而已。就现实而言，世间一切事物总处于变化之中，在一定条件下可以转化。在人生道路上只有像蜗牛爬山一般步步辛苦前进，不惧困难，不怕艰险，才能有所收获。

心宽福厚，量小福薄

仁人心地宽舒，便福厚而庆长，事事成个宽舒气象；鄙夫念头迫促，便禄薄而泽短，事事得个迫促规模。

注释

庆：福。《盐铁论·诛秦》："初虽劳苦，卒获其庆。"（卒：终）

鄙夫：鄙陋之人。

译文

仁慈博爱的人心胸宽阔坦荡，所以能够福禄丰厚而长久，事事都能表现出宽宏大度的气概；浅薄无知的人心胸狭窄，所以福禄微薄而短暂，凡事都表现出目光短小狭隘局促的心态。

智慧解读

庸人想事少，傻人不想事，所以俗语有"庸人厚福"和"傻人有傻福"的说法，念头少，伪装少，争得就少，心情舒畅，平日就少有忧虑烦恼。做人勿庸也不能傻，但不能像有些人聪明过了头，用尽心机，烦恼接踵。而那些污秽贪婪的小人，心地狡诈行为好伪，凡事只讲利害而不顾道义，只图成功而不思后果，这种人的行为更不足取。仁人待人之所以宽厚在于诚善，在于忘我，所以私欲少而烦恼少。我们生活中的待人之道确应有些肚量，少为私心杂念打主意，不强求硬取不属于我的东西，烦恼何来？"牢骚太盛防肠断"做人要充分修省自己才是。

立定脚根，著得眼高

风斜雨急处，要立得脚定；花浓柳艳处，要著得眼高；路危径险处，要回得头早。

注释

路、径：这里均指世路。

译文

在疾风暴雨的恶劣环境中，要站稳自己的脚根，才不至于跌倒；在花莺柳燕的温柔之乡，要放眼高处，才不至于被眼前的美景所迷惑并冲昏头脑；在危路险境之地，要能猛然回头，才不至于深陷其中。

智慧解读

所谓风斜雨急，花浓柳艳，路危径险者是比喻，比喻人生之路会有各种艰难险阻出现。孔子说："危邦不入，乱邦不居；天下有道则见，无道则隐；邦有道贫且贱焉耻也，邦无道富且贵焉耻也。"其实即使是古代邦有道要富且贵就没有险隘？就能垂手可得吗？不论是有道无道之世，都应有操守，有追求，不怕难，不沉沦，不自颓，把得住自己的心性，遇事就不致沉陷于迷惑中。

和衷少争，谦德少妒

节义之人济以和衷，才不启忿争之路；功名之士承以谦德，方不开嫉妒之门。

注释

和衷：温和的心胸。《书经·皋陶谟》："内码寅协恭和衷哉。"
承：辅助。《左传·哀公十八年》："使帅师而行，请承。"

译文

有品行的人要用谦和与诚恳来调和，才不至于留下引起激烈纷争的隐患；功成名就的人要保持谦恭和蔼的美德，这样才不会给人留下嫉妒的把柄。

智慧解读

做人不可恃一己之长以做人待物，不能因一方面有优点就忽视随之而来的另一方面的不足。节义之士性格刚强，看问题就可能偏激。就刚强言是长处，就激烈言是短处。为了取长补短，平日要养成温和的处世态度，注意缓和激烈的个性，与世无争才能与人维持良好的关系。有身份地位的人做人更应注意树大招风，功大招忌的道理，保持一种谦恭和蔼的态度，才能维护功业的长久。做人不论处于什么位置都应谦和谨慎，避免人际无情的纷争，腾出精力做自己应做的事情。

居官有节，居乡有情

士大夫居官，不可竿牍无节，要使人难见，以杜幸端；居乡，不可崖岸太高，要使人易见，以敦旧好。

注释

竿牍：书信。杜：杜绝。

译文

读书人在做官的时候，与别人的书信往来不可漫无节制，要让那些求职的人难以见面，以避免那些投机取巧奔走钻营的人有机可乘；退职赋闲的时候，不能过于清高自傲，要态度平和使人容易接近，才能和亲族邻里增进友好感情。

评语

当是什么时候，当做什么事。人的一生中角色在不断转换着，身份不断变化着。身份不同，待人接事的方式也就理应不同。如果用同一种行为方式去对待所有的人，就可能会惹上麻烦。所以说，要把握时间与身份的变化，相应的，角色也应该灵活地转换。只有这样，才能够顺应时代的发展，应对社会的变化。

事上警谨，待下宽仁

大人不可不畏，畏大人则无放逸之心；小民亦不可不畏，畏小民则无豪横之名。

注释

大人：指有官位的人。《左传》："而后及其大人。注：'大人，卿大夫也。'"

豪横：豪强蛮横。

译文

对于德高望重的人不能不敬畏，因为畏惧德行高尚的人就不会有放纵轻浮的想法；对于平民百姓也不能没有敬畏之心，因为畏惧平民百姓就不会有豪强蛮横的恶名。

评语

孔子说："君子有三畏，畏天命；畏大人；畏圣人之言。"孟子说："民为贵，社稷次之，君为轻。是故得乎丘民而为大了，得乎天子为诸侯，得乎诸侯为大夫。"中国古代的知识分子介于官民之间，形成一个士阶层。这里所谓畏大人，主要指对圣人之言，道德名望之人，由经会使你个人的修养得以加深；畏小民是指一般人而言，即持宽仁的态度，而不是蛮横豪霸。历史上轻视平民的人难以成就大事业。

勿以长欺短，勿以富凌贫

天贤一人，以诲众人之愚，而世反逞所长，以形人之短；天富一人，以济众人之困，而世反挟所有，以凌人之贫。真天之戮民哉！

注释

诲：教导、指教。《论语·述而》："学而不厌，诲人不倦。"

逞：炫耀、显示。《韩非子·说林下》："势不便，非所以逞能也。"

形：比拟。

戮民：此指有罪的人。

译文

上天给予一个人聪明才智，是要让他来教诲解除大众的愚昧，没想到世间的聪明人却卖弄个人的才华，来暴露别人的短处；上天给予一个人财富，是要让他来帮助救济大众的困难，没想到世间的有钱人却凭仗自己的财富，来欺凌别人的贫穷。这两种人真是上天的罪人。

智慧解读

《孟子》引《书经》中一段话说："天将下民，作之君，作之师，惟日其助上帝宠之，四方有罪无罪，惟我在，天下何敢有越厥志。"译成现代白话文即"天降生一般的人，也替他们降生了君主、师傅，这些君子人师的唯一贵任是帮助至高无上的人来爱护人民。因此；四方之大，有罪无罪，都由我负责，天下谁敢超越自己的本分胡作非为？"现代人不信天命，但有财富的人应帮助不如己之人，才智高的应多服务，不要以暂时的优势来卖弄盘剥，要多为别人着想，多为后代着想，少些私心杂念。

忧喜取舍，形气用事

人情听莺啼则喜，闻蛙鸣则厌，见花则思培之，遇草则欲去之，但以形气用事；若以性天视之，何者非自鸣其天机，非自畅其生意也。

注释

形气：形是躯体，气是喜怒哀乐的情绪，两者都表现于外。例如《孟子·公孙丑》："夫志，气之帅也。"

性天：天性。

生意：指生的意念。

译文

按一般人的常情来说，每当听到黄莺婉转的叫声就高兴，听到青蛙呱呱的叫声就讨厌；看到美丽的花卉就想栽培，看到杂乱的野草就想铲除。这完全是根据自己喜怒爱恨判断事物。假如按照生物的天性来说，莺啼蛙鸣都是在抒发它们自己的情绪；花开草长，何尝不是在舒展蓬勃的生机呢？

智慧解读

天生万物各有功用。人们的好恶之情与实用心理决定了取舍，像乌鸦未必坏，可人们心理上觉得不祥而不喜欢；有时感情上处于悲伤或喜悦状态，这种情绪也移之于物，对人对物同样存在这种问题。其实，我们对于事物不要太主观，须用冷静的头脑去观察，然后判断善恶美丑。假如能去私欲存天理，就会明白莺声蛙鸣都在显示自然的玄机。鲜花杂草都在冥冥中获得生生之意，万物都是根据天地自然之理而平等生长发育，我们不可凭主观见解随意区分善恶美丑。待物如此，由物及人，同样不可只凭主观臆断，凭一时的好恶用事按自己的忧喜取舍。

自适其性，宜若平民

峨冠大带之士，一量睹轻蓑小笠额飘飘然逸也，示必不动其咨嗟；长筵广席之豪，一量遇疏帘净几悠悠焉静也，未必不增其绻恋。人奈何驱以火牛，诱以风马，而不思自适其性哉？

注释

峨冠大带：峨是高，冠是帽，大带是宽幅之带，峨冠大带是古代高官所穿朝服。

轻蓑小笠：蓑，用草或蓑叶编制的雨衣。笠是用竹皮或竹叶编成用来遮日或遮雨的用具。比喻平民百姓的衣着。

逸：闲适安逸。

咨嗟：赞叹，感叹。

长筵广席：形容宴客场面的奢侈豪华。

火牛：此处比作放纵欲望追逐富贵。典出《史记·田单列传》说："单收城中牛千余，被五采龙文，角束兵刃，尾束灌指薪刍，夜半凿城数十穴，驱牛出城，壮士五千余随牛后，而焚其尾，牛被痛，直冲燕军，燕军大溃。"

风马：发情的马，此处比喻欲望。据《左传·傍公四年》："君居北海，寡人居南海，唯是风马牛不相及也。"

译文

峨冠大带的达官贵人，一旦看到身穿蓑衣斗笠和平民飘飘然一派安逸的样子，难免会发出羡慕的感叹；生活奢侈居所富丽的豪门显贵，一旦置身于清新朴素窗明几净悠闲宁静的环境中，心中不由得会产生一种恬淡自适的感觉，难免要有一种留恋不忍离去的情怀。高官厚禄与富贵荣华既然不足贵，世人为什么还要枉费心机放纵欲望追逐富贵，而不设法过那种悠然自适而能早日恢复符合天性发展的生活呢？

智慧解读

换个口味是对生活饮食的一种调剂，换个环境则是对于良心健康的一种调剂。人生在世，不能自我调剂而事事依靠别人来安排来保持身心愉快是不可能的。富有四海的人会因为总在一个环境中而发腻；总在平淡中生活的人也应适当使自己的生活添些情趣。凡是反差和形成对比的东西总会为自己的生活添些愉悦。反之，人的生活又往往不自觉地分成阶层。峨冠大带与轻蓑小笠，清流与世俗总形成对立，其实质在于品德，在于自身修养之别。这是二者能在一起的一个前提。道德真君子适其本性而生活，固然清贫，但因重人格人品而芬芳于陋室。

机神触事，应物而发

万籁寂寥中，忽闻一鸟弄声，唤起许多幽趣；万卉摧肃后，忽持一枝抉秀，便触动无限生机。可见性天未常桔槁，机神最易触发。

注释

寥：安静。
卉：草的总名。

译文

大自然归于寂静时，忽然听到一阵悦耳的鸟叫声，会唤起阵阵幽趣；深秋季节所有花草都凋谢枯黄后，忽然看见其中有一棵挺拔的花草屹立无恙，就会感到无限生机，可见万物的本性并不会完全枯萎，因为它那生命活力随时都会乘机发动。

智慧解读

此境使人想起"闲敲棋子落灯花"的意境，尤其是正行文走笔、苦思冥想于文章时，与其搜肠刮肚地编造，不如到大自然中去汲取养料。几声鸟鸣可以勾起灵感；几枝花草可能引起回忆。生活中也是如此，所谓机神触事，应物而发。陆游诗云："山穷水尽疑无路，柳暗花明又一村。"人在一生中往往遇到一些事情自己认为已经绝望，可是又绝处逢生而使事情有了转机，可见天无绝人之路，只要有坚强的意志，无比的信心，到最后总会有成功的希望，写文章时灵感来后便会笔走龙蛇。而生活中一个好点子好思路便如虎添翼。所以说，困境于成功无碍，关键是要善于发现。

非分收获，陷溺根源

非分之福，无故之获，非造物之钓耳，即人世之机阱。此处着眼不高，

鲜不堕彼术中矣。

注释

造物：谓天，自然。语出《庄子·大宗师》篇："伟大造物者。"

术中，计略之中，《史记·张仪传》："此在吾术中不悟。"

译文

不是自己分内应享受的幸福，无缘无故得到意外之财，即使不是上天故意来诱惑你的钓饵，也必然是人间歹徒来诈骗你的机关陷阱。为人处世如不在这些地方睁大眼睛，是很难逃过歹徒诈术圈套的。

评语

为人处世应有些固定的原则，表现出自己的道德水准。非分之

想不可有，不义之财不可要，非我之吻不动心。能坚持这三条，在财与钱这一关是足以把持住自己的。俗话说"人为财死，鸟为食亡""天欲祸之，必先福之"，所有这些说明了"非分之收获，陷溺之根源"。诈骗者所以能诈得人钱财，就是利用人们贪图非分之财的弱点，这跟鸟鱼贪图意外食物而上钩完全相同。小人欲有所图便从物欲上先满足你。有些人往往利令智昏，糊里糊涂就把歹徒的钩饵吞下，往往便身败名裂，名利又丢。俗话说："吃人的嘴短，拿人的手软。"想清名于世，安然于世，必须做到非我之财不要，明白"非分收获，陷溺根源"的道理。

满腔和气，随地春风

天运之寒暑易避；人世之炎凉难除；人世之炎凉易除，吉心之冰炭难去。去去得此中之冰炭则满腔皆和气，自随地有春风矣。

注释

天运：指大自然时序的运转。

冰炭：此为争斗的意思。

春风：春天里温和的风，此处取和惠之意

译文

大自然的寒冬和炎夏容易躲避；人世间的炎凉冷暖却难以消除。人世间的炎凉冷暖即使容易消除，积存在我们内心的恩仇怨恨却不易排除。假如有人能排除积压在心中的恩仇、怨恨，那祥和之气就会充满胸怀，如此也就到处都充满极富生机的春风。

智慧解读

人的道德修养主要表现在待人上，是恩怨于心，还是"人我两忘，恩怨皆空"，决定于人的修养。古代士人讲究宽以待人，强调"恕"、"忍"，就是要求待人时"以德报德，以恩报怨"，使人际和谐，而自我怡然。做人当然不可无原则，提高自身修养的本身是为了以自身之德感化彼人之怨。如此就不会计较于个人的恩怨，不会陷溺于人际苦恼。

声华名利，非君子行

饮宴之乐多，不是个好人家；声华之习胜，不是个好士子；名位之念重，不是个好臣士。

注释

习：习惯。

士子：指读书人或学生。

译文

经常宴请宾客饮酒作乐的，不会是个正派人家；喜欢淫靡音乐和华丽服饰的，不是个正经读书人；对于名声地位非常看重的，不是个好官吏。

智慧解读

俗话说得好："淡中知真味。"如果个人不能平平淡淡，清心寡欲地生活，那么他还是没有领会到生活的真正意义。没有领会到生活真谛的人，难以得到别人的尊敬。

如果一个人总是生活在宴饮、华服、名利的浮躁环境之中，而不能平稳下来提升自己的修为，这个人是不值得我们尊敬的。

不形于言，不动于色

觉人之诈不形于言，受人之侮不动于色，此中有无穷意味，亦有无穷受用。

注释

觉：发觉、察觉。
诈：欺骗、假装。
形：表露。

译文

当发觉被人家欺骗时，不要在言谈举止中立刻表露出来，当遭受人家侮辱时，也不要立刻怒形于色。一个人能够有吃亏忍辱的胸怀，在人生旅途上自然会觉得妙趣无穷，对前途事业也会一生受用不尽。

智慧解读

孔子主张中庸，凡事都要不失人情物理，所以他说：不如以直报怨，以德报德。《礼记·檀弓》上记载，子夏问孔子：处在父母之仇中，怎么办？孔子说：应该有不共戴天的意志，睡草垫子，枕着

刀枪，不做官，在路上碰到了那仇人，不亮兵器就给予袭击。子夏
又问：处在兄弟之仇中，怎么办？孔子说：应该不与他共住一国，
在"国际"上遇着了他，只要不损害公事，就应该对他毫不客气。
又问：处在堂兄弟或朋友之仇中，怎么办？孔子说：自己不出头，
但别人出头自己也应出一份力。这里，孔子把以直报怨的意思说得
很清楚了。

　　唐朝的娄师德，是世家公子，祖父历代都做大官，他弟弟到代
州去当太守，他嘱咐说，我们娄家屡世余荫，所以难免被人说道。
你出去做官，要认清这一点，遇事要能忍耐。他弟弟说，这我懂得，
就是有人把口水唾到我脸上，我也自己擦掉算了。娄师德说，这样
还不行。弟弟又说，那就让它在脸上自己干。娄师德说，这才对了。

勿羡贵显，勿虑饥饿

　　人知名位为乐，不知无名无位之乐为最真；人知饥寒为虑，不
知不饥不寒之虑为更甚。

注释

名位：泛指名誉和官位，也就是功名利禄。

译文

　　人们都知道求得名誉和官职是人生一大乐事，却不知道没有名
声没有官职的人生乐趣是最实在的；人们只知道饥饿寒冷是最痛苦
是值得忧虑的事，却不知道在不愁衣食后，由于种种欲望，由于患

得患失的精神折磨才更加痛苦。

智慧解读

　　按现代心理学的说法，人的需求是有层次的，当生活温饱解决之后，在精神上就产生了不同的层次需求。安贫乐道，消极等待是不对的，因为人们追求财富显贵而使生活过得更好些是很现实的，但并不能因此而忘却自身修养。何况人们在没有达到一定需求层次时，想象中的美好往往占满脑海。就像古时的农人只知皇帝生活好，但好到什么程度就没法想象了，更不知道每个层次都有不同的烦恼。例如曹雪芹的《红楼梦》中写了一首《好了歌》说明了世俗心理："世人都晓神仙好，惟有功名忘不了！古今将相在何方？荒冢一堆草没了！世人都晓神仙好，只有金银忘不了！终朝只恨聚无多，及到多时眼闭了。"陶渊明不为五斗米折腰，挂印而归田园，因为他讨厌官场倾轧，权势的人，成为千古美谈。从这种寻求内心平衡和道德完善的角度来讲，生活清贫而不受精神之苦，行为相对自由洒脱而不受倾轧逢迎之累是可羡慕的，安贫乐道未尝不好。